REGONG JILIANG YU JIANCE
XINJISHU SHIWU

热工计量与检测
新技术实务

下册

江苏方天电力技术有限公司　编

中国电力出版社
CHINA ELECTRIC POWER PRESS

内 容 提 要

本书系统介绍了热工计量与检测技术。书中大量的应用实例内容翔实，具有可操作性，将有助于提高从事电力系统计量人员的理论与实践水平，更好地服务电力系统的热工计量与检测。

根据发电厂生产岗位的实际需求和发电厂生产运行及检修规程规范以及开展培训的实际需求，特编写了本套教材，本书为下册，分为四章，分别为转速、电子皮带秤、流量、温度等内容。为便于自学、培训和考核，各章节均附有习题及参考答案。

本书适合从事电力系统热工计量人员、电力工程技术人员、电厂管理人员、设备维护人员及检测仪器（装置）研发人员使用，可为各大发电集团公司、发电厂专业人员提供操作性强的热工基础知识技能培训教材，也可作为大专院校相关专业的参考书。

图书在版编目（CIP）数据

热工计量与检测新技术实务 . 下册 / 江苏方天电力技术有限公司编 . -- 北京：中国电力出版社，2024. 12.

ISBN 978-7-5198-9400-9

Ⅰ．TK3

中国国家版本馆 CIP 数据核字第 2024BX3950 号

出版发行：中国电力出版社
地　　址：北京市东城区北京站西街 19 号（邮政编码 100005）
网　　址：http://www.cepp.sgcc.com.cn
责任编辑：畅　舒（010-63412312）
责任校对：黄　蓓　于　维
装帧设计：王英磊
责任印制：吴　迪

印　　刷：三河市万龙印装有限公司
版　　次：2024 年 12 月第一版
印　　次：2024 年 12 月北京第一次印刷
开　　本：787 毫米 ×1092 毫米　16 开本
印　　张：15
字　　数：237 千字
印　　数：0001—1000 册
定　　价：78.00 元

《热工计量与检测新技术实务（下册）》编委会

审定委员会

前 言
PREFACE

现代化制造业是集高新技术为一体的知识密集型产业，计量是保障制造业科研、生产发展的技术基础。"科技要发展，计量须先行"，要使现代计量技术能够快速满足工业发展的需求，为了提高制造业的质量，就要大力发展计量事业，通过培养大批精通技术业务，有梯次结构高素质的人才，建设具有现代科学技术知识的计量人才队伍。

进入现代化过程中，产品测量数据的准确性、可靠性、可溯源性及国际互认性都对计量技术水平提出更高的要求，我们可以通过培训交流加快计量技术研究和计量人才队伍建设的时间，也可以为培养和造就一支为国民经济和现代化建设服务的计量人才队伍作出一定的贡献。计量培训是提高员工的基本素质和综合素质的一种方法，计量培训为计量管理达到事半功倍的效果。加大基本技能、基础知识、工作方法、质量监督、内部审核等内容的计量培训以减少员工与当前的业务能力之间的差距，而从长远看，计量培训是促进计量行业人才的成长和进步的一条捷径，有利于建设人才队伍和储备人才，从而提升企业的核心竞争力，促进企业的发展。

根据发电厂生产岗位的实际需求和发电厂生产运行及检修规程规范以及开展培训的实际需求，特编写了本套教材。本套教材分为上下册，主要内容包括计量基础知识、压力、振动、转速、电子皮带秤、流量、温度。为便于自学、培训和考核，各章节均附有习题及参考答案。

由于编写时间仓促，本书难免存在疏漏之处，恳请各位专家和读者提出宝贵意见，使之不断完善。

编者

2024 年 4 月

目 录
CONTENTS

第 1 章

转速

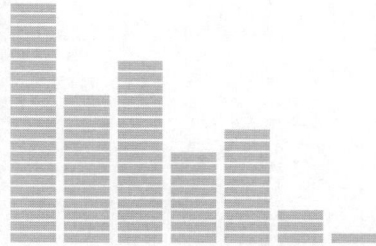

第1节
转速基础知识

一 转速和转速单位

转速是单位时间内电脉冲出现的次数，是旋转物体的转数与时间之比的物理量，一般用 n 表示，它是描述各种旋转机械运转技术性能的一个重要参量，是力学动态计量的基础量之一。

转速的单位是转每分，符号为 r/min，是国家的法定计量单位，是国家选定的非国际单位制单位。

二 转速计量溯源

由于转速与频率的定义相同，均为单位时间内电脉冲出现的次数，频率的单位为赫兹，符号为 Hz，两者之间的关系是 $n=60f$，所以可以用频率标准复现和校准转速。转速的计量分为转速源和转速表两部分，转速源是指转速标准装置，它是用频率来产生转速的，用来检定转速表，转速标准装置的精度用频率计来评定，所以转速的计量溯源应该到时间频率基准，所以转速的量值溯源为：

转速表—转速标准装置—标准频率计—国家频率基准

三 转速专业术语及定义

1. 角速度

描述刚体转动快慢和方向的物理量。刚体在一段时间内转过的转角，称为角位移；角位移和这一时间段的比值称为角速度，或称为这个时间内的平均角速度；如果这个时间段趋于零，则称为这一时刻的瞬时角速度，或即时角速度。速率是角速度作为标量的同义词。通常使用单位：弧度 / 秒（rad/s），度 / 秒（°/s）。

2. 线速度

线速度是旋转刚体上任一点在单位时间里的位移量，是描述转动刚体上任一点（质点）的运动特性。通常使用单位：米 / 秒（m/s），千米 / 小时（km/h）。

3. 转速（旋转速度）

在工程上描述物体转动快慢的物理量。是旋转体在单位时间内的转数（r）。转速符号为 n，计量单位为转 / 分（r/min）。描述转速，常有以下几个概念：

（1）时间平均转速：在一段时间内转过的转数和这一时间段的比值为这个时间段的平均转速。

（2）N 转数平均转速：在指定的 N 转数内测量转速，同义词为多周期平均转速。此测量方法为多周期平均法，此时的测量不确定度为 N 周期内的测量不确定度。

（3）分转数平均转速：以一周（转）的某个角度（必须是一周的 $1/N$，N 为正整数）为基数测量转数，可用于标准转速装置对高转速测量仪的检定与校准，即常用的齿盘技术或多标记技术，也可用于转速波动度的概念，是高精度转速装置的转速精度评价参数之一。此时的测量不确定度为 $1/N$ 转的测量不确定度。

（4）瞬时转速：如果测试时间段趋于零，则称为这一时间段的转速为瞬时转速，或称即时转速。

4. 转速波动度

对旋转物体周期内的转速变化状况的度量。一般有三种度量方法，不论哪种方法必须指明：转速（r/min）、N（$1/N$ 周，N 为正整数）、度量时间（ms、s、min 或 h）或度量的转数（r）。

5. 频闪效应

物体在人的视野中消失后，能保留一定时间的视觉印象，称此视觉效应为视后效应，同义词为视觉暂留现象，在转速和振动测量中称为频闪效应。视后效应的持续时间因人而异，在一般照明的条件下，为 1/15~1/20s 范围内。利用频闪效应在振动和转速检定、校准中可作如下测量：

（1）频闪测（转）速法：在旋转轴上安装一个带有均匀齿孔的圆盘（或贴上与圆盘不同色调的均匀标记），称为频闪盘。标记个数为 Z，闪光频率为 n_0，转轴转速为 n，则测量转速的表达式为

$$n = \frac{k}{mZ} n_0 \qquad (1-1)$$

式中：k 为频闪像停留序数，即转速高于频闪次数的倍数，$k=1$，2，…，只形成 k 个单定像；m 为频闪次数高于转速的倍数，单个标记时会产生 m 重像；mZ 为频闪像停留不动时的频闪点（像）数，m 和 Z 互为整数倍时，频闪点数取决于其中较大者，不为整数倍时频闪点数是两者的乘积 mZ。

（2）频闪法振动测频：在振动物体上贴上标记，根据稳定的频闪像和频闪次数可测出振动频率。

（3）光模法测振幅：在振动物体上贴上与物体不同色调的底边水平的直角三角形，在物体稳定振动时，由于视后效应，将形成两个三角形，两个三角形底边之间的距离即为振动的双振幅值。

6. 转速比

转速比是指转速表的实际转速值与转速表刻度值之比，也称转速表系数。1：1 的转速表可不标明转速比。

7.【转速表】基本误差

转速表在标准条件下具有的误差，一般用引用误差的形式给出。

8.【转速表】回程误差

在相同的条件下，被测量值不变而转速表的行程方向不同时，其示值之差的绝对值为回程误差值，它与指定的转速之值比为回程误差，一般以引用误差形式给出。

9.【转速表】示值变动性

在被测对象不作任何改变的情况下，对同一被测量进行多次重复读数，其示值变化的最大差值；可以用绝对误差表示，也可用它与指定转速的比值即相对误差来表示。

10.【转速表】指针摆幅率

转速表在检定点检定时，被检表指针摆动的范围，一般用引用误差形式给出。

11. 时基频率稳定度

形成转速表和转速标准装置的时基的振荡器在规定的时间内，频率的变动程度。在检定、校准时必须指明测量稳定度时所规定的时间。

12. 时基频率准确度

形成时基的振荡器的频率值与标称值的相对偏差，常用仪器或设备开机预热后的开机时的时基频率准确度表示，称为开机时基频率准确度。

13. 转速标准装置

转速标准装置是指能够提供宽的调速范围和（或）高的转速精度的专门用于转速检定和校准的装置。它主要由三部分组成：转速源，通常用可控旋转电动机；变速箱，由齿轮箱或其他变速设备构成，以产生宽范围的标准转速；测控系统，用于调节、控制标准转速的稳定性和准确性。转速源的转速与通过齿轮变速箱的输出轴的转速与之比称为主传动比，各输出轴之间的输出转速之比称为分传动比；降速的传动比用小于 1 的分数来表示，升速的传动比用大于 1 的分数来表示。

14. 转速测量不确定度

转速测量不确定度是指标准转速装置的检定、校准转速点转速的扩展不确定度，简称转速不确定度，即该点的转速正确度与精密度的合成及扩展，用下式计算

$$\bar{n} = \frac{\sum_{i=1}^{N} n_i}{N} \tag{1-2}$$

$$\sigma_N = \sqrt{\frac{\sum_{i=1}^{N}(n_i - \bar{n})}{N-1}} \tag{1-3}$$

$$\sigma_a = \frac{\overline{n-n_0}}{\sqrt{3n_0}} \times 100\% \quad \sigma_b = \frac{\overline{n-n_0}}{\sqrt{3n_0}} \times 100\% \tag{1-4}$$

$$\sigma_b = \frac{\sigma_N}{\sqrt{Nn_0}} \times 100\% \tag{1-5}$$

$$U = k\sqrt{\sigma_a^2 + \sigma_b^2} \tag{1-6}$$

式中：$\bar{n}$ 为检定点 10 次检定值的平均值，r/min；n_i 为检定点转速的 10 次检定值，r/min；N 为检定点的测量次数，一般取 $N=10$ 次；σ_N 为检定点 10 次转速测量值的标准不确定度，r/min；σ_a 为检定点不定系差的相对误差表示的标准不确定度，%；σ_b 为检定点平均值的相对标准不确定度，%；U 为检定点的转速测量相对扩展不确

定度，% ；n_0 为检定点的标称转速，r/min ；k 为置信系数，取 k=3。

15. 转速稳定度

转速装置在一定时间内的稳定程度的度量，分为 20min 的短时稳定度和 4h 的长时稳定度两种。

第 2 节
转速仪表

一 转速表的原理、结构及用途

转速是旋转物体的转数与时间之比的物理量，是描述各种旋转机械运转技术性能的一个重要参量，是力学动态计量的基础量之一。测量各种旋转物体转速的仪器仪表称为转速表（仪）。它按照工作原理主要分为六种类型：离心式转速表、定时式转速表、磁感应式转速表、电动式转速表、频闪式转速表、电子式转速表、磁电式转速表、电子计数式转速表。离心式与定时式转速表通称为机械式转速表，属于接触式测量。磁感应式与电动式转速表通称为磁电式转速表，磁感应式属于非接触式测量，电动式属于接触式测量。频闪式和电子计数式转速表属于非接触式测量。电子计数式转速表一般使用光电传感器测量转速，磁感应式转速表一般使用霍尔传感器和磁阻式传感器测量转速。

1. 离心式转速表

离心式转速表的工作原理是离心力和拉力之间的相互作用，通过传动系统带动指示部件，来对被测物体的转速进行指示。离心式转速表在测量机械设备的转速时，转轴会随着被测对象转动，并带动离心器上的重物进行旋转运动，而重物在惯性离心力的作用下就会离开轴心，传动系统受重物的拉力后，就会带动指针从零刻度开始移动。离心式转速表的弹簧会对受离心力作用的重物施加反作用力，当离心力和拉力之间达到平衡时，传动系统的受力不再增加，指针的移动也就停止，当指针稳定后所指示的刻度值，即是被测对象的转速值。离心式转速表主要由机心、变速器和指示器三部分组成。重锤利用连杆与活动套环及固定套环连接，固定套环装在离心器轴上，离心器通过变速器从输入轴获得转速。另外还有传动扇形齿轮、游丝、指针等装置。为使转速表与被测轴能够可靠接触，转速表都配有不同的接触头。使用时可根据被测对象选择合适的接触头安装在转速表输入轴上。目前较普遍用于摩托车和汽车以及其他机械设备。

2. 磁感应式转速表

磁感应式转速表是以旋转磁场为原理来测量电动机转速的一类转速表，传感器主要由永久磁铁和感应线圈所组成，磁铁通过软轴与动力设备连接。当磁铁被带动旋转后在线圈中感应电流，通过导线传输给指示器，经过降压整流后带动广角度电流表指示被测转速。用于各种车辆船舶及一切机械转轴的转速测量。其性能可靠，外形简洁，使用方便。

3. 电动式转速表

电动式转速表由传感器和指示器两部分组成，传感器安装在发动机上。发动机运转时，传感器输出三相电动势。该三相电动势，通过导线送到指示器，驱动指示器内的三相同步电动机旋转，同步电动机的转矩通过磁性离合器传递到指针部件，带动指针偏转，游丝产生一反向的平衡力矩，控制指针的转角，准确指示被测转速。电动式转速表主要用于远距离测量各种发动机的转速。每台测速发电机可带两个指示器同时工作，带有报警机构，并能超速报警，具有抗震性好、工作温度范围宽、测速精度高等特点。

4. 频闪式转速表

频闪式转速表是以视觉暂留原理为依据的一种转速表。频闪式转速表的功能比普通转速表更为丰富，除了能测量往复速度以外，还能用于往复运动物体的静像观测，是机械设备运动、工作状态观测的必备仪表之一。

5. 电子式转速表

电子式转速表的测量工作是通过数字电路和电磁式线圈作用来完成的。电子式转速表所接收的信号为数字脉冲信号，在数／模转换电路的转换下，数字脉冲信号变成电压信号来控制线圈电流，从而完成指示指针的变化。一般使用光电传感器来测量转速。

6. 磁电式转速表

磁电式转速表是磁电式转速传感器与电流表组合的产物，其原理和磁电式转速传感器原理相同，以磁电感应为基本原理来实现转速测量的，其特点是异地安装比较方便。

7. 定时式转速表

定时式转速表的工作原理是将套在表盘上的橡皮接头与被测轴相连接，被测轴的旋转运动被传递到转速表内，通过齿轮以设定的减速比减速后转换为长、短针轴的旋转运动。定时式转速表内设定时装置，按下定时按钮后开始计时，一般为3~6s，设定时间内指针所指示的示值即为被测轴的转速。

8. 电子计数式转速表

电子计数式转速表是利用转速传感器，将机械旋转频率转换成电脉冲信号，通过电子计数器计数并显示出相应的转速值的转速表。电子计数式转速表是由转速传感器和数字显示仪两部分组成的。传感器的作用是将物体的旋转速度转换为电脉冲信号，输出给显示仪。数字显示仪的作用是接收传感器输出的电脉冲信号，直接显示转速值或根据被测数据计算出被测转速值。

从测量方法讲对高、中转速通常是采用测量电信号频率的方法，即测频法。而对低转速一般是采用测量转轴旋转某一角度的时间间隔测量转速，即测周法。

测频法的原理：石英晶体振荡器提供稳定的频率信号经整形后成为规则的矩形时钟脉冲，再经分频器分频后获得各种时基标准或称为时标信号，并用它来控制计数闸门，而被测转速经传感器变成脉冲信号并经放大整形，通过计数闸门控制的计数器计数，并在面板上显示出来。实际使用中，为了提高测量的准确度，可以增加转速传感器每转输出的电脉冲信号数字或延长采样时间。测周法的原理是：将转速传感器的信号作为闸门，以晶振信号作为时钟，二次仪表显示的是转速传感器两信号间的时间。显然，转速越低，闸门开启的时间越长，所记录的脉冲个数就越多。而在转速较高时，由于闸门开启时间随着转速的升高而降低，它所记录的时钟脉冲数就不如低速的多。因此，在高转速时，采样记录多周期的方法，可以增加时钟脉冲的数量来提高测量的准确度。

二 转速传感器的原理结构及用途

转速测量通常采用磁电式转速传感器和光电式转速传感器。

1.磁电式转速传感器

磁阻式、电涡流式以及霍尔式转速传感器都是以电磁感应为基本原理来实现转速的测量，均属于磁电式转速传感器。磁阻式传感器利用铁磁性物质的磁化过程中，电阻值将沿磁化方向随外加磁场的增强而增大，并达到饱和的这种磁阻效应现象来进行转速的测量。电涡流式转速传感器的测量原理是当测速齿盘转动时，测量面产生了距离变化，这种变化导致震荡谐波中品质因数的改变，使传感器电涡流感应随距离变化而变化，这种变化将直接影响振荡器的电压幅值和振荡频率，后经处理转换为转速信号。霍尔式转速传感器的工作原理是霍尔效应，即把霍尔元件放在磁感应强度为 B 的磁场中其方向垂直霍尔元件，电流 I 通过霍尔元件，就会在垂直于电流和磁场的方向上产生霍尔电动势 E_H，所以转动的金属器件如金属齿轮、齿条等通过霍尔传感器的磁场时电势会发生变化，具体当运动部件穿过磁力线较为分散的区域时，磁场相对较弱霍尔电势就小。而穿过磁力线较为密集的区域，磁场就相对较强电势就大。通过测量电势就可以得到被测量的转速值。

磁电式转速传感器具有结构简单（见图 1-1），可以直接从被测物体吸取机械能并转换成电信号输出，有源型或无源型磁电式转速传感器其测量方式均为非接触式，它有不受油、水雾、灰尘等介质影响的特点。但是磁电式转速传感器也有缺陷：若被测转速过慢（低于 50r/min），输出信号强度过低容易受到干扰，转速信号难以被识别。同时磁电式转速传感器广泛应用于工业生产中，如电力、汽车、航空、纺织和石化等领域，用来测量和监控机械设备的转速参量，并以此来实现自动化管理和控制。

2.光电式转速传感器

光电式转速传感器具有响应速度快、精度高、分辨率高、可靠性好、体积小、质量轻、功耗低、便于集成等优点，不仅在转速测量上，在其他参数测量应用也十

安装间隙: 0.5~1.5mm

螺母

测速齿轮

安装支架

转速传感器

栅孔

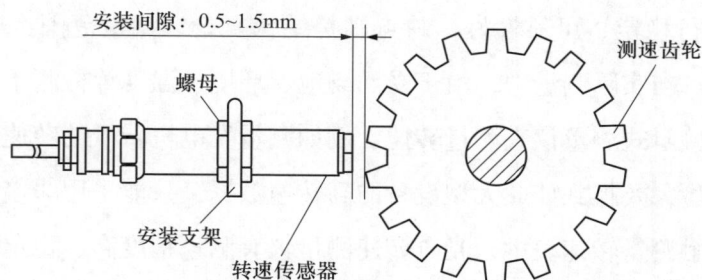

图 1-1　磁电式转速传感器

分广泛。

　　光电式转速传感器基于光电效应实现对旋转机械转速的测量，工作原理为高精度计量码盘安装在主轴上，码盘两侧分别有光源和感光元件，码盘上有栅格。当主轴转动时，码盘随主轴一起旋转，光源发出的光通过码盘上的栅格被调制成相应的光脉冲；光脉冲照射到光敏元件上时，即产生相应的电脉冲信号，实现了转速到电脉冲信号的转换。经过电路调理后，输出平稳的频率信号，再通过换算得出实时转速。光电转速传感器原理见图 1-2。

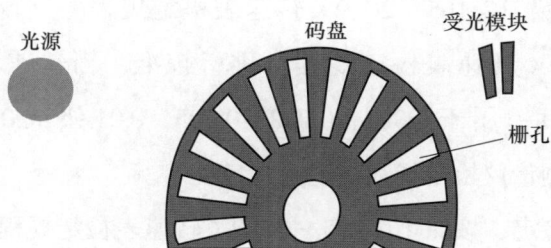

光源

码盘

受光模块

栅孔

图 1-2　光电转速传感器原理图

三 转速测量仪表的选择、安装和检定

1. 转速测量仪表的选择与安装

　　在测量转速时，一般根据现场条件、被测对象的特性、精度要求和价格等选择合适的转速仪表。离心式与定时式转速表统称为机械式转速表，机械式转速表的特点是测量精度较低，一般在 1~2 级，通常就地安装，便于使用。优点是测量直观、

读数方便、运行稳定、可靠性好，缺点则是结构复杂，测量范围也有限且只能用于接触式测量。在实际测量中，由于受到场地、环境、温度等检测条件的限制，一般考虑使用非接触式测量仪表测量转速。例如测量发电机转子的转速，由于测试条件既恶劣又危险，要得到如此大型设备的高转速数据，只能采用非接触式的远程测量仪。在非接触测量转速表中，光电转速测量仪有测量精度高、稳定性好、转速测量范围大、价格便宜等优点，是使用最多的一种测量方式，缺点是容易受电磁干扰和振动干扰。霍尔传感器有对磁场敏感、结构简单、体积小、频率响应宽、输出电压变化大、寿命长、安装方便等优点。缺点是由于测量时需要在转轴上安装霍尔元件，那么转动力矩小的转轴加载装置后会影响转动甚至不能转动，所以该技术不适于此类转轴的转速测量。磁阻式传感器的优点是灵敏度高、抗干扰能力强，缺点与基于霍尔传感器的转速测量仪相同。频闪式转速测量仪的缺点是测量距离短，测量精度最高到 0.5 级。综上所述，在选择和安装转速仪表的过程中，一定要结合实际情况，综合各种转速仪表的特点，灵活选择。

2. 转速仪表的检定

转速仪表在校验时，按照其类型，分别参照不同的国家检定规程进行检定或校准。转速表按照 JJG 105—2019《转速表检定规程》进行检定，转速传感器参照 JJG 105—2019《转速表检定规程》进行校准，当转速测量仪的测量范围在 10~6000r/min 之间，属于 0.001、0.002、0.005、0.01 级或 0.02 级时，按照 JJG 1134—2017《转速测量仪检定规程》进行检定。

（1）转速表的检定，按照 JJG 105—2019《转速表检定规程》进行检定。

通用技术要求检查：转速表开机后应能正常工作，用手感、目测的方法进行检查，通用技术要求的检查结果应符合相关要求。

1）测量范围、示值误差及示值变动性的检定。检定点的选择在被检转速表的量程内均匀选定至少 8 个检定点，应包含 100、300、500、1000、3000、5000r/min。对于接触和非接触式两用转速表，应分别按照非接触式转速表和接触式转速表选定检定点。

2）试运转。首先将转速标准装置按说明书进行预热后，将被检转速表按使用说明书正确放置操作，并确认转速表能正常进行测量。然后，选定检定点 100r/min 进行试运转，待被检转速表正常显示测量转速值时，准备进行示值检定。

3）非接触式转速表示值误差、示值变动性及测量范围检定。对于数字显示的非接触式转速表，将转速标准装置分别调到检定点的转速值，待转速输出稳定后，在同一检定点连续读取并记录被检转速表的 10 个显示值，最低和最高两个检定点确定的转速范围为被检转速表的测量范围。示值误差、示值变动性及测量范围的检定，应符合规程中的相应技术指标。

4）接触式转速表示值误差、示值变动性及测量范围检定。对于数字显示的接触式转速表，将转速标准装置分别调到检定点的转速值，待转速输出稳定后，在同一检定点连续读取并记录被检转速表的 10 个显示值。每一个检定点的示值误差按照公式计算。对于指针指示的接触式转速表，将转速标准装置分别调到检定点的转速值，待转速输出稳定后，在同一检定点连续读取并记录被检转速表的 3 个显示值。每一个检定点的示值误差按照公式计算。

5）检定结果的处理。经检定符合规程要求的转速表出具检定证书，检定证书中应注明其准确度等级；经检定不符合规程要求的转速表出具检定结果通知书，并注明不合格项目。

（2）转速传感器的校准。目前没有专门针对转速传感器检定方面的规程或规范，对于转速传感器的检定和校准，参考的技术文件为 JJG 105—2019《转速表检定规程》。在发电厂中，转速传感器被广泛应用于各类旋转机械转速的监测，由于其输出为电信号，所以通过后续的运算或处理可以获得更多的与转速相关的参量，并通过不同的传输方式发送在终端显示并加以控制，随着工业自动化程度越来越高，传感器的需求量和安装量也会大大提高。下文叙述了转速传感器的分类、工作原理以及校准方法，同时对一种转速传感器示值误差的测量不确定度进行评定。

1）转速传感器的分类和工作原理。随着科学技术的发展，转速测量应用了各种新的技术。转速传感器是测量转速最核心和基本的部分，按其原理可以分为磁阻式、磁电式、电涡流式、电容式、光电式、霍尔式等。在发电机组上，以磁阻式、霍尔式和电涡流式转速传感器应用最为广泛。

a.磁阻式。磁阻式转速传感器采用电磁感应原理实现测速，在传感器前端绕有线圈，当齿轮旋转时，通过传感器线圈的磁力线发生变化，在传感器线圈中产生周期性的电压，通过对该电压处理计数，就能测出齿轮的转速。该类型传感器输出信号强，抗干扰性能好，安装使用方便，可在烟雾、油气、水汽等恶劣环境中使用。

b.霍尔式。霍尔式转速传感器是利用霍尔效应的原理制成的。霍尔效应是指在一个矩形半导体薄片上有一电流通过，此时如有一磁场也作用于该半导体材料上，则在垂直于电流方向的半导体两端，会产生一个很小的电压，该电压就称为霍尔电压。当磁性材料制成的传感器转子上的凸齿交替经过永久磁铁的空隙时，就会有一个变化的磁场作用于霍尔元件（半导体材料）上，使霍尔电压产生脉冲信号。根据所产生的脉冲数目即可检测转速。该类型传感器具有体积小、结构简单、功耗小、启动力矩小、频率特性好等特点。

c.电涡流式。电涡流式测速传感器具有高线性度、高分辨力地测量金属导体距探头表面距离的能力。它是一种非接触测量工具，能够准确测量被测体（必须是金属导体）与探头端面之间静态和动态的相对位移变化量。金属导体在变化的电磁场中发生振动、位移或在磁场中作切割电磁力线运动时，导体内将产生呈涡旋状的感应电流的现象为电涡流效应。利用该电涡流效应制成的高精度传感器称为电涡流测速传感器。电涡流传感器可实现零转速的测量，采样率和分辨率高，可测量铁磁和非铁磁所有金属材料，对环境要求低。

2）转速传感器校准方法。

a.系统组成。检定或校准转速传感器的计量装置为转速标准装置，该装置主要由控制系统、拖动系统（高精度齿轮变速箱及其总成和单独电动机及其总成）两部分组成。虚框内为多通道转速传感器校准装置，其功能与转速测量仪相同，用来测量传感器输出，该校准装置可同时对四只传感器进行校准，可自动出具检定记录和检定证书，系统框图如图1-3所示。

转速传感器种类繁多，一般输出脉冲信号。在本次校准中，被校为电涡流式转速传感器。

b.校准方法。以转速标准装置作为计量标准器具，其测量范围为20~30000r/min，不确定度为5×10^{-5}（$k=3$）。转速传感器的输出由多通道转速传感器校准装置测得，

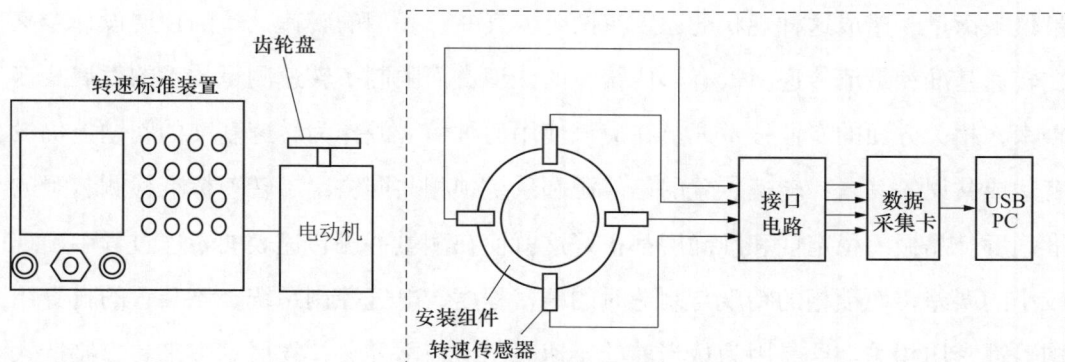

图 1-3　转速传感器校准系统框图

其测量范围为 2~9999r/min，不确定度为 1×10^{-4}（k=3）。

采用直接测量的方法，在重复性条件下，用被校转速传感器对转速标准装置输出转速进行 10 次测量，取 10 次测量结果的平均值作为被校传感器的转速示值，与转速标准装置的转速示值进行比较，计算被校转速传感器的示值误差。

在测点的选择上，选择 1000、3000、4000、5000、6000、7000r/min 测量点。

第 3 节
转速测量技术的发展

一　转速测量技术的发展现状

近年来，我国的转速计量检测技术发展迅猛，科研人员研发出了高精度的标准检测装置，相关的检测制度是由相关方面的专家结合具体的、实际的检测报告制定的，逐步形成了一套规范的转速计量检测技术的评判体系。以上工作有效地保证了我国企业生产的各类转速表的质量。目前，国家转速计量检测系统和转速基准缺乏一些实质性的内容是我国转速计量检测技术的发展状况。由于这一发展状况的限制，目前我们所使用的标准转速检测装置的稳定性和准确性只能通过相关的转速测量仪来衡量。造成这种现状的原因有两个：其一，我国的转速计量的顶层设计专家在转速基准和量值传递上没有形成统一的认识进而限制了转速测量技术的发展。多年来，相关方面的专业技术人员在应该使用何种信号源作为转速基准的问题上仍没有达成共识。其二，转速装置的信号源和系统锁相共同决定了转速标准检测装置的准确度。晶振的稳定性和准确度都很好这就使在测量待测转速表的转速过程中出现较小的误差，而锁相的精度与制造时的精密程度、电气控制系统、该装置的自身结构等都密切相关。这是因为从当前的转速表制造技术和科技发展水平来看，制造人员要想在设计构思和原理上下功夫，来达到减小设计与制造误差、提高传动系统的精确度、降低噪声，进而获得准确度较高的转速信号是十分困难的，更不要说制造出的转速基准装置准确度高于 1×10^{-5} 或 1×10^{-6}。

二 我国转速测量技术存在的问题

在我国，标准信号源和标准转速源是两类主要的转速计量检测技术。这两种检测技术可以简化、优化检测过程，但是也存在着一定的缺点。就拿依靠标准转速源的转速计量检测技术来说，优点是能够准确地模拟待测转速表实际的工作环境，进而能够得出在实际的工作状态中待测转速表的真实转速数值。缺点是目前虽然在检测过程中所使用的标准转速源的转速稳定值能够达到相关要求，但是在实际的低转速的工作环境中，转速稳定值不达标。标准转速表的转速稳定值不稳定，会给测量结果带来相当量的不确定度，进而可能导致一部分被认定为不合格转速表实际上是合格的，而一部分真正不合格的转速表则流入社会市场。

依靠标准信号源的转速计量检测技术的优缺点恰好与标准转速源互补。标准信号源是一个发光源，且频率比较稳定，可以满足测定时的要求。但是标准信号源是一种理想化的信号源，在实际的检测工作中这种理想化的信号源并不能准确地测出待测转速表的相关数据，不能反映待测转速表的实际工作状况。举例来说，如果标准信号源的光源过强就可能导致无法测出待测转速表本身光信号和转速表接收信号的相关数据，进而造成检测误差。除此之外标准信号源过于稳定的光源频率，并不能代替相关部件反射出来的光信号。综上所述，这两种转速计量检测技术都存在一定的优缺点和互补性。检测人员在实际的检测过程中要结合具体的情况选择较为合适的转速计量检测技术，以减少标准器和测量方法对测量结果的影响。

三 转速测量技术的对策

基于以上所存在的问题，我们给出以下对策：

1. 标准转速源转速的稳定

在实际的低转速的工作环境中，有关人员要利用相关技术控制实际检测工作中要求的转速稳定值，让其转速的稳定值达到标准转速源，这样可以更好地开展相应的工作内容，使其标准转速表的转速稳定值趋向一个稳定的值。如果其转速的稳定值达不到标准转速源的要求，将导致一部分真正不合格的转速表涌入社会市场，会扰乱市场秩序以及干扰市场规律，无法真正地保证所有转速表的质量。

2. 不断调整和改进标准信号源

虽然标准信号源是一种理想化的信号源，在实际的检测工作中这种理想化的信号源并不能准确地测出待测转速表的相关数据，不能反映待测转速表的实际工作状况。所以，标准信号源要比较稳定地趋向于光源频率，实际工作中有关人员要结合实际的情况进行相应的调整和改进，以此来实现整体计量检测技术水平的提升。

第4节
测量不确定度评定

一 电涡流式转速传感器示值误差测量不确定度评定

1. 数学模型
转速传感器示值误差的数学模型为

$$e = n - n_0 \qquad (1-7)$$

式中：e 为转速传感器示值误差，r/min；n 为转速传感器示值，Hz，等同于 r/min；n_0 为转速标准装置的转速示值，r/min。

由数学模型和测量原理可知，转速传感器示值误差校准结果的主要不确定度来源如下：

（1）转速传感器重复性引入的标准不确定度分量 u_A。

（2）转速标准装置引入的标准不确定度分量 u_{B1}。

（3）多通道转速传感器校准装置引入的标准不确定度分量 u_{B2}。

其灵敏系数分别为：$c_1 = \dfrac{\partial e}{\partial n} = 1$，$c_2 = \dfrac{\partial e}{\partial n_0} = -1$，$c_3 = c_2 = -1$

数学模型公式中各输入量均不相关，所以合成标准不确定度计算为

$$u_c = \sqrt{c_1^2 u_A^2 + c_2^2 u_{B1}^2 + c_3^2 u_{B2}^2} \qquad (1-8)$$

2. 标准不确定度分量

（1）转速传感器重复性引入的标准不确定度 u_A。在重复性条件下，将转速标准装置转速示值分别调至校准点转速值，在同一校准点上连续读取并记录转速传感器 10 次转速示值，用贝塞尔公式计算标准偏差。用 10 次测量值的算术平均值作为测量结果，按 $u_A = s / \sqrt{10}$ 计算转速传感器重复性引入的标准不确定度，如表 1-1 所示。

表 1-1　　　　　　　重复性引入的标准不确定度分量　　　　　　r/min

标准转速值	测量值	u_A
1000	999.997	0.0053
3000	2999.996	0.0156
4000	3999.984	0.0110
5000	4999.970	0.0190
6000	5999.972	0.0231
7000	6999.971	0.0269

（2）转速标准装置引入的标准不确定度 u_{B1}。根据转速标准装置的校准证书，转速的不确定度为 $U_{rB1} = 5 \times 10^{-5}$（$k=3$），则按 $u_{B1} = \dfrac{U_{rB1}}{k} \times n_0$ 计算转速标准装置引入

的标准不确定度，如表 1-2 所示。

表 1-2　　　　　　　　　转速标准装置引入的标准不确定度分量　　　　　　　　　r/min

标准转速值	1000	3000	4000	5000	6000	7000
u_{B1}	0.0167	0.0500	0.0667	0.0833	0.1000	0.1167

（3）多通道转速传感器校准装置引入的标准不确定度 u_{B2}。多通道转速传感器校准装置，由校准证书可知，在 2Hz~10kHz 范围内，其测量不确定度为 $U_{rB2}=1 \times 10^{-4}$（$k=3$），则按 $u_{B2} = \dfrac{U_{rB2}}{k} \times n_0$ 计算数字多用表引入的标准不确定度分量，如表 1-3 所示。

表 1-3　　　　　　多通道转速传感器校准装置引入的标准不确定度分量

标准转速值（r/min）	1000	3000	4000	5000	6000	7000
u_{B2}（Hz）	0.0333	0.1000	0.1333	0.1667	0.2000	0.2333

3. 合成标准不确定度及扩展不确定度

按照式（1-8）合成标准不确定度 u_c，其中 $c_1=1$，$c_2=-1$，$c_3=-1$，并得到扩展不确定度 U_c，取包含因子 $k=2$，校准结果如表 1-4 所示。

表 1-4　　　　　　　　　　　　　　校准结果

标准转速值（r/min）	测量值（r/min）	示值误差（r/min）	u_A（r/min）	u_{B1}（r/min）	u_{B2}（Hz）	u_c（r/min）	U_c（r/min）
1000	999.997	-0.003	0.0053	0.0167	0.0333	0.0376	0.08
3000	2999.996	-0.004	0.0156	0.0500	0.1000	0.1129	0.23
4000	3999.984	-0.016	0.0110	0.0667	0.1333	0.1495	0.30
5000	4999.970	-0.030	0.0190	0.0833	0.1667	0.1873	0.37
6000	5999.972	-0.028	0.0231	0.1000	0.2000	0.2248	0.45
7000	6999.971	-0.029	0.0269	0.1167	0.2333	0.2623	0.52

转速传感器技术指标可依据其出厂说明书考核，在 $n > 100$r/min 时，最大允许误差为 ±1r/min，根据以上数据，可以判定被校传感器是合格的。

4. 结束语

通过对电涡流式转速传感器示值误差的评定，验证了该评定方法的合理性和准确性。同时为该技术领域的计量检测工作提供了一定的参考价值，进一步保证了电力行业转速量值传递的准确性和可靠性，为发电机组安全、经济地运行提供了可靠的技术保障。

二 磁电式转速传感器校准不确定度评定

1. 工作原理

有源或无源型磁电式转速传感器，其测量方式均为非接触式。磁阻式、电涡流式转速传感器感应测量对象为带有凸起或凹陷的磁性材料及导磁材料的被测物体，其工作原理如图 1-4（a）所示，前者基于磁阻效应，后者基于电涡流效应。当测速轮旋转时，齿轮与传感器之间的间隙产生周期性变化，磁通量也会以同样的周期变化，从而传感器感应出周期变化的脉冲信号。霍尔式转速传感器需在旋转物体上安装磁体，用以改变传感器周围的磁场，这样传感器才能准确捕捉被测物体的运动状态，其工作原理如图 1-4（b）所示，当传感器通过磁力线密度的变化，在磁力线穿过传感器上的感应元件时产生霍尔电势并将其转换为交变电信号，由传感器内置电路将信号调整和放大并输出脉冲信号。

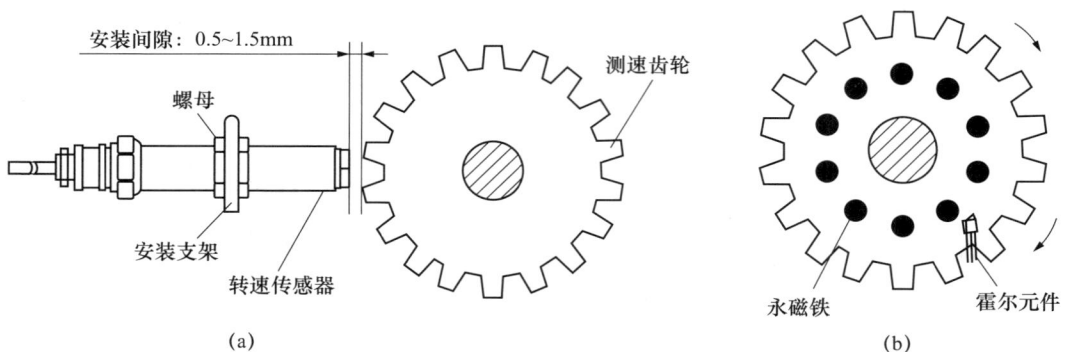

安装间隙：0.5~1.5mm
螺母
测速齿轮
安装支架
转速传感器
(a)
永磁铁
霍尔元件
(b)

图 1-4　磁电式转速传感器工作原理图
（a）齿轮型；（b）霍尔式

随着被测物体的转动，转速传感器输出与旋转速度相对应的脉冲信号（近似正弦波或矩形波），通过计数仪表显示测量的转速值。

2. 校准方法

根据磁电式转速传感器的主要用途，并参考 JJG 105—2019《转速表检定规程》、JJG 326—2021《转速标准装置检定规程》、JJG 1134—2017《转速测量仪检定规程》等相关的转速计量技术法规，磁电式转速传感器的关键技术特性为转速误差及示值变动性。

（1）校准用标准器。磁电式转速传感器测量标准装置及辅助设备有：转速标准装置、数字频率计、直流稳压电源及测速齿轮等。转速标准装置测量范围一般应满足 50~10000r/min，准确度等级或扩展不确定度（k=3）应不大于被校准转速传感器最大允许误差绝对值的 1/3。数字频率计的测量范围一般应满足 1Hz~1MHz，频率准确度优于 1×10^{-5}。直流稳压电源输出电压：0~30V（连续可调）；输出电流：0~3A。测速齿轮采用导磁率大的金属材料加工成渐开线齿形，齿数建议为 60 齿，模数为 2~4，齿宽应大于 5mm。

（2）校准前的准备。将装有标准测速齿轮的转速标准装置进行通电预热，将被校转速传感器按使用说明书要求安装固定在支架上并用导线正确连接数字频率计及直流稳压电源（如必要）。转速传感器的端面与被测齿顶间的安装间隙一般为 0.5~1.5mm，尤其是磁阻式转速传感器应尽可能缩小传感器端面与齿顶的间距。在确认转速传感器能正常进行测量后，可先对其进行试运转，根据试运转情况适当调整转速传感器的安装间隙，待数字频率计能正常显示被测转速值时，即可进行示值校准。

（3）示值校准。

1）转速。在被校转速传感器量程内均匀选定至少 6 个校准点，或根据用户需要选定校准点。将转速标准装置分别调到校准点的参考转速值，待转速输出稳定后，在同一校准点连续读取并记录数字频率计 10 次测量示值。

$$n = 60 \frac{f}{z} \qquad (1-9)$$

式中：n 为校准点的转速值，r/min；f 为数字频率测得值，Hz；z 为标准测速齿轮齿数。

标准测速齿轮数为 60 时，式（1-9）简化为式（1-10）

$$n=f \tag{1-10}$$

2）转速误差。每一个校准点的转速误差按照式（1-11）计算

$$\delta = \frac{\overline{n - n_0}}{n_0} \times 100 \tag{1-11}$$

式中：δ 为校准点的转速误差，%；n 为校准点的转速平均值，r/min；n_0 为校准点参考值，r/min。

3）变动性每一个校准点的转速变动性按照式（1-12）计算

$$b = \frac{n_{\max} - n_{\min}}{n_0} \times 100 \tag{1-12}$$

式中：b 为校准点的示值变动性，%；$n_{\max}$ 为同一校准点 10 次测量中的最大值，r/min；$n_{\min}$ 为同一校准点 10 次测量中的最小值，r/min。

最低、最高两个校准点确定的转速范围为被校转速传感器的测量范围。

3. 测量结果不确定度评定

以 3000r/min 校准点为例分析磁电式转速传感器转速误差测量不确定度，其数学模型为

$$\delta = \overline{n} - n_0 \tag{1-13}$$

由数学模型可知，磁电式转速传感器转速误差校准结果的主要不确定度来源有：①测量重复性引入的标准不确定度分量 u_1；②转速标准装置引入的标准不确定度分量 u_2；③数字频率计引入的标准不确定度分量 u_3。

灵敏系数分别见式（1-14）～式（1-16）

$$c_1 = \frac{\partial \delta}{\partial n} = 1 \tag{1-14}$$

$$c_2 = \frac{\partial \delta}{\partial n_0} = -1 \tag{1-15}$$

$$c_3 = c_1 = 1 \tag{1-16}$$

各输入量彼此独立不相关，故方差为

$$u_c^2(\delta) = c_1^2 u_1^2 + c_2^2 u_2^2 + c_3^2 u_3^2 \tag{1-17}$$

（1）输入量的标准不确定度的评定。

1）磁电式转速传感器重复性引入的标准不确定度分量 u_1。在重复性测量条件下，将转速标准装置转速值调至 3000r/min，连续读取并记 10 次测量示值，30000.1、3000.02、3000.00、3000.01、2999.98、3000.02、2999.99、3000.01、

3000.00、2999.97r/min。根据上述测量结果可得其平均值为 3000.00r/min，利用贝塞尔公式 [见式（1-18）] 计算实验标准偏差 s 为 0.017r/min。

$$s(x) = \sqrt{\frac{\sum_{i=1}^{n}(x_i - \overline{x})^2}{n-1}} \qquad (1-18)$$

式中：x_i 为第 i 次测量的测得值；$\overline{x}$ 为 n 次测量所得一组测得值的算术平均值；n 为测量次数。

以 10 次测得值的算术平均值作为测量结果，计算转速传感器重复性引入的标准确定度分量

$$u_1 = \frac{s}{\sqrt{10}} = 0.0054(\text{r/min}) \qquad (1-19)$$

2）转速标准装置引入的标准不确定度分量 u_2。转速标准装置扩展不确定度 $U_{\text{rel}} = 1 \times 10^{-4}$（$k=3$），计算转速标准装置引入的标准不确定度分量

$$u_2 = \frac{U_{\text{rel}}}{k} \times n_0 = 0.1(\text{r/min}) \qquad (1-20)$$

3）数字频率计引入的标准不确定度分量 u_3。数字频率计频率准确度为 0.001%，作均匀分布估计，则数字频率计引入的标准不确定度分量为

$$u_3 = \frac{a}{\sqrt{3}} \times n_0 = 0.0173(\text{r/min}) \qquad (1-21)$$

式中：a 为区间半宽。

（2）输出量的标准不确定度分量，见表 1-5。

表 1-5　　　　　　　　输出量的标准不确定度分量一览表

不确定度来源	评定方法	标准不确定度分量（r/min）	灵敏度	$\lvert c_i \rvert \cdot u_i$ (r/min)
重复性	A 类	$u_1=0.0054$	$c_1=1$	0.0054
转速标准装置	B 类	$u_2=0.1$	$c_2=-1$	0.1
数字频率计	B 类	$u_3=0.0173$	$c_3=1$	0.0173

（3）合成标准不确定度的计算。合成标准不确定度为

$$u_c(\delta) = \sqrt{0.0054^2 + 0.1^2 + 0.0173^2} = 0.1016(\text{r/min}) \qquad (1-22)$$

（4）扩展不确定度的计算。取包含因子 $k=2$，则扩展不确定度 U 由合成标准不确定度乘以包含因子 k 得到，即

$$U=k \times u_c = 2 \times 0.1016 = 0.2032（r/min）\tag{1-23}$$

磁电式转速传感器转速误差测量结果相对扩展不确定度为

$$U_{rel} = \frac{U}{n} \times 100\% = 0.007\%（k=2）\tag{1-24}$$

4. 结论

对磁电式转速传感器校准用标准器进行了阐述，为建立磁电式转速传感器校准装置提供了参考。提出了磁电式转速传感器关键计量特性转速误差、示值变动性的校准方法，以此进行了试验并对测量结果进行不确定度评定，解决了磁电式转速传感器的量值溯源问题，为其他转速传感器的校准提供方法借鉴。

三　转速表测量结果示值误差不确定度评定

1. 测量原理

依据 JJG 105—2019《转速表检定规程》，对规格型号为 EMT260C、出厂编号为 NLYZ-06 数字转速表（北京伊麦特科技有限公司）进行校准。

2. 测量方法及主要设备

在测量环境条件为 23.8℃，湿度：32%RH，按照 JJG 105—2019《转速表检定规程》的检测要求，首先将转速标准装置和备件转速表预热 30min，按照相关规定正确安装、调整好转速传感器，将转速标准装置分别调到 100、1000、10000r/min，记录转速表各校准点示值，每点测量共 10 次，以 10 次平均值作为校准结果。

所使用标准器的详细参数如下：高精度转速标准装置，测量范围为 2~40000r/min，准确度为 $U_{rel}=1 \times 10^{-4}$（k=3）。

3. 测量模型及不确定度分析

（1）测量模型。被检转速表的示值误差为

$$e=r_1-r_2\tag{1-25}$$

式中：r_1 为被检转速表 10 次测量示值的平均值，r/min；r_2 为标准转速值，r/min。

（2）不确定度及灵敏度。由式（1-26）得

$$u_{c} = \sqrt{c_1^2 u^2 \left(r_1 \right) + c_2^2 u^2 \left(r_2 \right)} \qquad (1\text{-}26)$$

式中：$u \left(r_1 \right)$ 为被检转速表 10 次测量示值平均值的标准不确定度；$u \left(r_2 \right)$ 为标准转速值的标准不确定度；灵敏度 $c_1 = \dfrac{\partial e}{\partial r_1} = 1$，$c_2 = \dfrac{\partial e}{\partial r_2} = -1$。

（3）被检转速表 10 次测量示值平均值的标准不确定度分量 $u \left(r_1 \right)$。

1）测量重复性引入的标准不确定度 $u_1 \left(r_1 \right)$。转速表在 100r/min 点的 10 次测量数据见表 1-6。

表 1-6　　　　　　　　　　　100r/min 点的 10 次测量数据

测量次数	r_i	$r_i - \bar{r}$	$\left(r_i - \bar{r} \right)^2$
1	100.10	0.00	0.00
2	100.09	−0.01	0.0001
3	100.11	+0.01	0.0001
4	100.10	0.00	0.00
5	100.09	−0.01	0.00
6	100.11	+0.01	0.0001
7	100.09	−0.01	0.0001
8	100.10	0.00	0.00
9	100.10	0.00	0.00
10	100.09	−0.01	0.0001
$\sum r_i$	10009.8	−0.02	0.0005
$\bar{X}$	100.10	—	—

根据表中的数据算得单次标准差

$$s = \sqrt{\frac{\sum_{i=1}^{n} (r_i - \bar{r})^2}{n-1}} = 0.0079(\text{r/min}) \qquad (1\text{-}27)$$

再由 $n=10$ 得算术平均值的实验标准偏差

$$u_1 \left(r_1 \right) = \frac{s}{\sqrt{n}} = \frac{0.0079}{\sqrt{10}} = 0.0025(\text{r/min}) \qquad (1\text{-}28)$$

转速表在 1000r/min 点的 10 次测量数据见表 1-7。

表 1-7   1000r/min 点的 10 次测量数据

测量次数	r_i	$r_i - \overline{r}$	$(r_i - \overline{r})^2$
1	1001.0	0.0	0.0
2	1001.0	0.0	0.0
3	1001.0	0.0	0.0
4	1001.0	0.0	0.0
5	1001.0	0.0	0.0
6	1001.0	0.0	0.0
7	1001.0	0.0	0.0
8	1001.0	0.0	0.0
9	1001.0	0.0	0.0
10	1001.0	0.0	0.0
$\sum r_i$	10010.0	0.0	0.0
$\overline{X}$	1001.0	—	—

根据表中的数据算得单次标准差

$$s = \sqrt{\frac{\sum(r_i - \overline{r})^2}{n-1}} = 0.0 (\text{r/min}) \qquad (1-29)$$

再由 $n=10$ 得算术平均值的实验标准偏差

$$u_1(r_1) = \frac{s}{\sqrt{n}} = \frac{0.0}{\sqrt{10}} = 0.0 (\text{r/min}) \qquad (1-30)$$

转速表在 10000r/min 点的 10 次测量数据见表 1-8。

表 1-8   10000r/min 点的 10 次测量数据

测量次数	r_i	$r_i - \overline{r}$	$(r_i - \overline{r})^2$
1	10010	0	0
2	10010	0	0
3	10010	0	0
4	10010	0	0
5	10010	0	0

测量次数	r_i	$r_i - \overline{r}$	$(r_i - \overline{r})^2$
6	10010	0	0
7	10010	0	0
8	10010	0	0
9	10010	0	0
10	10010	0	0
$\sum r_i$	100100	0	0
X	10010	—	—

根据表中的数据算得单次标准差

$$s = \sqrt{\frac{\sum(r_i - \overline{r})^2}{n-1}} = 0(\text{r/min}) \tag{1-31}$$

再由 $n=10$ 得算术平均值的实验标准偏差

$$u_1(r_1) = \frac{s}{\sqrt{n}} = \frac{0}{\sqrt{10}} = 0(\text{r/min}) \tag{1-32}$$

2）被检转速表分辨力引入的标准不确定度 $u_2(r_1)$。

当转速 $r=100\text{r/min}$ 时，分度值 $d=0.01\text{r/min}$，取其半宽为 0.005r/min，量化误差为等概率分布，置信因子 $k=\sqrt{3}$。以检定点为 100r/min，其引入的不确定度为

$$u_2(r_1) = \frac{0.005}{\sqrt{3}} = 0.0029(\text{r/min}) \tag{1-33}$$

当转速 $r=1000\text{r/min}$ 时，分度值 $d=0.1\text{r/min}$，取其半宽为 0.05r/min，量化误差为等概率分布，置信因子 $k=\sqrt{3}$。以检定点为 1000r/min，其引入的不确定度为

$$u_2(r_1) = \frac{0.05}{\sqrt{3}} = 0.029(\text{r/min}) \tag{1-34}$$

当转速 $r=10000\text{r/min}$ 时，分度值 $d=1\text{r/min}$，取其半宽为 0.5r/min，量化误差为等概率分布，置信因子 $k=\sqrt{3}$。以检定点为 10000r/min，其引入的不确定度为

$$u_2(r_1) = \frac{0.05}{\sqrt{3}} = 0.029(\text{r/min}) \tag{1-35}$$

当被检仪器测量重复性引入的标准不确定度小于分辨力引入的标准不确定度时，可以只考虑被检仪器分辨力引入的标准不确定度。

（4）标准转速装置示值误差引入的标准不确定 $u(r_2)$。

当转速 $r=100\mathrm{r/min}$ 时，根据标准转速装置的校准结果，$U_{\mathrm{rel}}=1\times10^{-4}$（$k=3$）。由标准装置引起的不确定度分量为

$$u(r_2)=\frac{1\times10^{-4}}{3}\times100\mathrm{r/min}=0.0033\,(\mathrm{r/min}) \tag{1-36}$$

当转速 $r=1000\mathrm{r/min}$ 时，根据标准转速装置的校准结果，$U_{\mathrm{rel}}=1\times10^{-4}$（$k=3$），由标准装置引起的不确定度分量为

$$u(r_2)=\frac{1\times10^{-4}}{3}\times1000\mathrm{r/min}=0.033\,(\mathrm{r/min}) \tag{1-37}$$

当转速 $r=10000\mathrm{r/min}$ 时，根据标准转速装置的校准结果，$U_{\mathrm{rel}}=1\times10^{-4}$（$k=3$），由标准装置引起的不确定度分量为

$$u(r_2)=\frac{1\times10^{-4}}{3}\times10000\mathrm{r/min}=0.33\,(\mathrm{r/min}) \tag{1-38}$$

（5）标准不确定度一览表见表1-9。

表 1-9　　　　　　　　　　　　标准不确定度一览表

转速点（r/min）	标准不确定度分量 $u(r_i)$	不确定度来源	标准不确定度值（r/min）	$c_i=\dfrac{\partial e}{\partial r_i}$	$\lvert c_i\rvert u(r_i)$（r/min）
100	$u_1(r_1)$	重复性	0.0025	1	0.0025
	$u_2(r_1)$	分辨力	0.0029	1	0.0029
	$u(r_2)$	标准转速装置	0.0033	−1	0.0033
1000	$u_1(r_1)$	重复性	0.0	1	0.0
	$u_2(r_1)$	分辨力	0.029	1	0.029
	$u(r_2)$	标准转速装置	0.033	−1	0.033
10000	$u_1(r_1)$	重复性	0	1	0
	$u_2(r_1)$	分辨力	0.29	1	0.29
	$u(r_2)$	标准转速装置	0.33	−1	0.33

（6）合成标准不确定度计算。

当转速 $r=100\mathrm{r/min}$ 时，合成标准不确定度为

$$u_{\mathrm{c}}=\sqrt{u_2^2(r_1)+u^2(r_2)}=\sqrt{0.0029^2+0.0033^2}=0.0044(\mathrm{r/min}) \tag{1-39}$$

当转速 r=1000r/min 时，合成标准不确定度为

$$u_c = \sqrt{u_2^2(r_1) + u^2(r_2)} = \sqrt{0.029^2 + 0.033^2} = 0.044(\text{r/min}) \tag{1-40}$$

当转速 r=10000r/min 时，合成标准不确定度为

$$u_c = \sqrt{u_2^2(r_1) + u^2(r_2)} = \sqrt{0.29^2 + 0.33^2} = 0.44(\text{r/min}) \tag{1-41}$$

（7）扩展不确定度计算。

取包含因子 k=2：

当转速 r=100r/min 时，则 $U = k \times u_c$=0.0088r/min；

当转速 r=1000r/min 时，则 $U = k \times u_c$=0.088r/min；

当转速 r=10000r/min 时，则 $U = k \times u_c$=0.88r/min。

4. 结语

通过对转速表测量结果示值误差不确定的评定，不断提高从业人员专业水平。此外在评定过程中也发现了一些不足和需要改进地方，积累了丰富的技术经验。通过对转速表测量结果不确定度评定，使在以后不确定度评定过程中更加科学和严谨，以便更好地服务广大客户。

第 5 节
习题及参考答案

1. 选择题

（1）转速计量单位符号是（B）。

A.rpm   B.r/min   C. 转 / 分   D. 转

（2）频率单位 Hz 是（C）。

A. 国际单位制的基本单位

B. 国际单位制的辅助单位

C. 国际单位制中具有专门名称的导出单位

D. 国家选定的非国际单位制单位

（3）转速标准是由（B）标准建立起来的。

A. 速度 B. 时间 C. 振动 D. 力学

（4）转速表系数（即转速比）就是（A）。

A. 转速表输入轴的转速与表盘指示转速之比

B. 被测对象的实际转速与转速表输入轴转速之比

C. 表盘指示转速与输入轴的转速之比

D. 转速表输入轴转速与被测对象实际转速之比

（5）0.5 级的转速表应在（A）级的转速表检定装置上检定。

A.0.1 级 B.0.2 级 C.0.5 级 D.1 级

（6）检定带表盘的转速表（不包括定时转速表），其基本误差按（B）进行计算。

A. 绝对误差 B. 引用误差 C. 相对误差 D. 示值误差

（7）磁电式转速传感器的齿轮可采用（B）材料加工而成。

A. 各种金属 B. 各种导磁钢铁 C. 各种不锈钢 D. 树脂

（8）用频闪式转速表测量转速时，频闪移动方向与转轴转动方向一致，被测转速（A）闪光灯每分钟的闪光次数。

A. 大于 B. 小于 C. 等于 D. 小于等于

（9）电子频闪度盘读书式转速表工作后，指针或度盘应能调回到（A）。

A. 规定位置 B. 起始位置 C. 零位 D. 中心位置

（10）一般检定转速表在试运转时选择（B）进行测试？

A.50r/min B.100r/min C.200r/min D.1000r/min

（11）转速的量值溯源到国家（C）基准。

A. 转速 B. 力学 C. 时间频率 D. 长度

（12）在用转速标准装置检定转速表时，准确度等级之比应（D）。

A. 小于 1：3 B. 等于 1：3 C. 小于 1：5 D. 小于等于 1：3

（13）检定转速仪表时实验室的环境温度要求是（B）。

A.（20±5）℃ B.（23±5）℃ C.（20±3）℃ D.（23±3）℃

（14）检定转速仪表时实验室的环境湿度要求是（D）。

A. 相对湿度 ≤ 70%　　　　　　　　B. 相对湿度 ≤ 75%

C. 相对湿度 ≤ 80%　　　　　　　　D. 相对湿度 ≤ 85%

（15）离心式转速表主要由（B）部分组成。

A. 机芯、指针和传动装置　　　　　B. 机芯、变速器和指示器

C. 机芯、指针、指示器　　　　　　D. 机芯、变速器、传动装置

（16）下列转速仪表中属于非接触式测量的是（B）？

A. 离心式转速表　　　　　　　　　B. 霍尔式转速表

C. 定时式转速表　　　　　　　　　D. 电动式转速表

（17）光电转速表的缺点是（C）？

A. 测量范围小　　　　　　　　　　B. 结构复杂

C. 容易受电磁干扰　　　　　　　　D. 安装和拆卸复杂

（18）下列描述不属于离心式转速表特点的是（D）。

A. 就地安装，便于使用　　　　　　B. 可靠性好

C. 结构复杂　　　　　　　　　　　D. 转速测量范围大

（19）（C）转速表除了测量转速外，还能测量往复运动物体的镜像观测。

A. 磁电式　　　　B. 光电式　　　　C. 频闪式　　　　D. 离心式

（20）哪种转速表异地安装比较方便（D）？

A. 定时式转速表　　　　　　　　　B. 光电式转速表

C. 霍尔式转速表　　　　　　　　　D. 磁电式转速表

（21）下列属于指针式转速表的是（D）？

A. 磁电式转速表　　　　　　　　　B. 光电式转速表

C. 涡流式转速表　　　　　　　　　D. 离心式转速表

（22）JJG 105—2019《转速表检定规程》删除了哪个等级（A）？

A.0.01 级　　　　B.0.05 级　　　　C.0.1 级　　　　D.2 级

（23）JJG 105—2019《转速表检定规程》按照什么方式对转速表进行分类（D）？

A. 工作原理和测量方式　　　　　　B. 测量方式和工作原理

C. 显示方式和工作原理　　　　　　D. 测量方式和显示方式

（24）0.1 级转速表的最大允许误差是（C）？

A.0.1%　　　　　　B.0.2%　　　　　　C.±0.1%　　　　　　D.0.2%

（25）0.1 级数字式转速表显示部分的示值有效位数应不少于（C）位。

A.3　　　　　　B.4　　　　　　C.5　　　　　　D.6

（26）检定带检定盘的转速表，其基本误差按（B）进行计算。

A. 绝对误差　　　　B. 引用误差　　　　C. 相对误差　　　　D. 示值误差

（27）电子计数式转速表的分辨率是（A）。

A. 与仪表的精度等级有关　　　　　　B. 与被测对象有关

C. 与传感器有关　　　　　　D. 等于 ±1 个字所相当的转速值

（28）电子频闪式转速表的可变频率振荡器的输出频率为 18000Hz 时，闪光频率应为（B）。

A.300Hz　　　　B.300r/min　　　　C.18000r/min　　　　D.18000Hz

（29）用一台 0.05 级电子计数式转速表测量并网运行的汽轮机发电机组的转速时，其示值允许误差为（B）。

A. ±1.5r/min　　　　　　B. ±1.5r/min ±1 个字

C. ±2.5r/min　　　　　　D. ±0.5r/min

（30）下列哪项不是划分转速标准装置的准确性等级？（D）

A.0.001 级　　　　B.0.005 级　　　　C.0.01 级　　　　D.0.05 级

（31）0.01 级的转速标准装置，其相对扩展不确定度（k=3）是多少？（C）

A.1×10^{-5}　　　　B.5×10^{-5}　　　　C.1×10^{-4}　　　　D.1×10^{-3}

（32）0.001 级的转速标准装置的晶振频率是多少？（A）

A.10MHz　　　　B.100MHz　　　　C.1MHz　　　　D.0.1MHz

（33）0.005 级的转速测量仪全量程的有效数字应不少于（B）位？

A.5　　　　B.6　　　　C.7　　　　D.8

（34）转速标准装置的准确度等级与被检转速测量仪的准确度等级之比（C）。

A. 等于 1∶2　　　　　　B. 小于 1∶3

C. 小于或等于 1∶2　　　　　　D. 小于等于 1∶3

（35）0.05 级转速测量仪的最大允许误差是多少？（C）

A. ±0.001%n　　　B. ±0.002%n　　　C. ±0.005%n　　　D. ±0.01%n

（36）0.01 级转速测量仪的时基频率误差是多少？（C）

A.2×10^{-6}　　　B.5×10^{-6}　　　C.2×10^{-5}　　　D.1×10^{-5}

（37）转速测量仪的检定周期是多久？（A）

A.1 年

C.3 年

B.2 年

D. 根据现场实际工况确定

（38）用于测量转速传感器的测速齿盘齿宽有什么要求？（C）

A. 大于 3mm　　　B. 大于 4mm　　　C. 大于 5mm　　　D. 大于 6mm

（39）下列哪个不是光电测速传感器的优点？（C）

A. 抗干扰性好

C. 接触式测量仪表

B. 结构紧凑

D. 测量能力好

（40）频率单位 Hz 是（C）。

A. 国际单位制的基本单位

B. 国际单位制的辅助单位

C. 国际单位制中的非国际单位制单位

D. 国际单位制的导出单位

（41）转速单位转每分（r/min）是（A）。

A. 国际单位制中具有专门名称的导出单位

B. 国家选定的非国际单位制单位

C. 国际单位制的辅助单位

D. 国际单位制的基本单位

（42）不做回程误差检定的转速表有（C）。

A. 固定离心式转速表　　　B. 固定磁电式转速表

C. 手持离心式转速表　　　D. 光电式转速表

（43）下列转速表中，检定时（C）不需与旋转轴接触。

A. 手持离心式转速表　　　B. 固定离心式转速表

C. 频闪式转速表　　　D. 电子计数式转速表

（44）转速表系数（转速比）就是（A）。

A. 转速表输入轴的转速与表盘指示转速之比

B. 被测对象的实际转速与转速表输入轴转速之比

C. 表盘指示转速与输入轴的转速之比

D. 转速表输入轴转速与被测对象实际之比

（45）磁电式转速表在示值检定前需要在（C）进行三次试运转。

A. 刻度上限值   B. 刻度中间值

C. 常用量限的中间值   D. 常用量限的上限值

（46）用频闪法测量转速时，闪光周期必须（A）。

A. 小于 1/20s   B. 大于 1/20s   C. 等于 1/20s   D. 大于等于 1/20s

（47）0.01 级电子计数式转速表允许示值变动性（A）。

A.$0.01\% \times n+2$ 个字   B.$0.01\% \times n+1$ 个字

C.$0.01\% \times n \pm 2$ 个字   D.$0.01\% \times n \pm 1$ 个字

（48）0.02 级电子式转速表的示值误差（B）。

A.$0.02\% \times n+1$ 个字   B.$\pm 0.02\% \times n+1$ 个字

C.$\pm 0.02\% \times n+2$ 个字   D.$0.02\% \times n+2$ 个字

（49）电子计数式转速表用测频法测量转速，若转速表的显示值为 200，转速传感器每转输出 1 个脉冲，采样时间为 10s，则被测转速为（A）r/min。

A.1200   B.12000   C.12   D.20

（50）0.5 级非接触式转速表的最大允许误差是（C）。

A.0.5%   B.1%   C.$\pm 0.5\%$ D.$\pm 1\%$

（51）与 JJG 105—2000《转速表检定规程》相比，JJG 105—2019《转速表检定规程》保留了（C）级的性能指标？

A.0.01   B.0.02   C.1   D.1.5

（52）与 JJG 105—2000《转速表检定规程》相比，JJG 105—2019《转速表检定规程》删除了哪些内容（D）。

A. 转速表的定义   B. 转速比的定义

C. 转速表的分类   D. ± 1 个字、± 2 个字

（53）用测周法测量转速时，当增加周期倍乘数时，闸门开启时间是（A）。

A. 增加的　　　　　B. 减少的　　　　　C. 不变的　　　　　D. 随机变化的

（54）用一台通用电子计数器和 $z=30$ 的光电转速传感器以测频法测量某物体的转速时，采样时间 $t=2s$，电子计数器显示 2000，则被测转速为（B）。

A.1000r/min　　　B.2000r/min　　　C.6000r/min　　　D.8000r/min

（55）用通用电子计数器以测频法测量转速时，要直接显示转速，必须使（A）。

A. 转速传感器每转脉冲与计数器的闸门开启时间的乘积为 60

B. 计数器闸门开启时间为 1s

C. 转速传感器每转脉冲与计数器闸门开启时间之比为 60

D. 计数器闸门开启时间为 0.5s

（56）电子计数式转速表的分辨率是（C）。

A. 与仪表的精度等级有关　　　　　B. 与转速传感器有关

C. 等于 ±1 个字所相当的转速值　　　D. 等于 ±2 个字所相当的转速值

（57）用一台通用电子计数器测量转速，当转速较低时，应采用（A）。

A. 测周法　　　　　　　　　　B. 测频法

C. 测周法或测频法均可　　　　　D. 频闪法

（58）检定电子频闪数字转速表，若被检转速表在 2000r/min 检定点，五次读数的平均值为 2850r/min，转速表该检定点的示值误差为（B）。

A.−18r/min　　　B.18r/min　　　C. ± 0.18%　　　D.0.18%

（59）为维护电网频率不变，对于四极发电机来说，应调节发电机的转速，使其维持在（B）。

A.2000r/min　　　B.1500r/min　　　C.3000r/min　　　D.6000r/min

（60）转速标准装置和转速表等转速计量器具的溯源都是来自（D）。

A. 角度　　　　　B. 速度　　　　　C. 长度　　　　　D. 时间频率

（61）GZJY 系列转速表检定装置齿轮变速箱使用（A）润滑油。

A.2 号主轴　　　B.4 号主轴　　　C.6 号主轴　　　D.8 号主轴

（62）SZJ-3 型转速表检定装置低速工作正常，高速自动停机，并显示 FULL 或 NOSIG，这可能是由于（C）。

A. 电动机有故障   B. 电源电压太低

C. 转速反馈信号不正常   D. 显示器有故障

（63）GZJY 系列转速表检定装置中的"限速"键对（A）方式起作用。

A. 数字给定   B. 无级调速

C. 数字给定和无级调速   D. 运行

（64）转速标准装置的准确度等级与被检转速测量仪的准确度等级之比（D）。

A. 小于 1∶3   B. 小于等于 1∶3

C. 小于 1∶2   D. 小于等于 1∶2

（65）转速标准装置在工作时，供电额定电压变化范围在（B），应能正常工作。

A.10%   B. ± 10%   C.5%   D. ± 5%

（66）JJG 105—2019《转速表检定规程》中，接触式转速表的最小测量范围是（B）。

A.（100~10000）r/min   B.（100~8000）r/min

C.（20~20000）r/min   D.（100~20000）r/min

2. 填空题

（1）在我国法定计量单位中，旋转速度（既转速）的单位名称是转／分，单位符号是 r/min。

（2）电子计数式转速表是利用转速传感器将机械旋转频率转换为电脉冲信号，通过电子计数器计数并显示相应转速值的转速表。

（3）手持式转速表光电传感器的反射头与被测旋转体的距离应不小于 8mm，旋转体测量面的粗糙度不低 3.2μm。

（4）转速标准装置的不确定度应高于被检表准确度的 3 倍。

（5）BZ-4 转速标准装置的传动系统主要由转速源、轴及齿轮变速箱三部分组成。

（6）手持离心式转速表检定时，被检表转轴的橡皮测头与转速标准装置上转轴的接触应在同一轴线上，且不应有滑动现象。

（7）角速度的计量单位名称<u>弧度每秒</u>，量的符号 ω，单位符号 <u>rad/s</u>。

（8）转速单位是<u>国家选定的非国际单位制单位</u>。

（9）频率计量单位名称<u>赫兹</u>，量的符号 f，单位符号 <u>Hz</u>。

（10）离心式转速表由<u>传动部分</u>、<u>机芯</u>和<u>指示器</u>三部分组成。

（11）离心式转速表的误差包括<u>方法误差</u>、<u>工具误差</u>、<u>温度误差</u>和安装不正确引起的误差。

（12）磁电式转速表可分为<u>磁感应式转速表</u>、<u>电动式转速表</u>、<u>电脉冲式转速表</u>和<u>电和谐振式转速表</u>。

（13）修理后不能达到原准确度等级的转速表可以<u>降级使用</u>。

（14）离心式转速表停止工作后，指针应能返回<u>规定位置</u>。

（15）电子计数式转速表由<u>转速传感器</u>和<u>转速数字显示器</u>两部分组成。

（16）电子计数式转速表的转速传感器通常有<u>光电式</u>和<u>磁电式</u>两种。

（17）电子计数式转速表的自校信号来自<u>石英晶体振荡器的分频</u>电路。

（18）频闪测速法是基于<u>频闪效应</u>原理。

（19）电子计数式转速表的检定周期为 <u>1 年</u>。

（20）频闪测速的误差主要来源于<u>闪光频率误差</u>和<u>频闪像移动误差</u>。

（21）转速表检定装置一般由<u>调速</u>系统、<u>监测</u>系统组成，对于高精度转速装置还应具有<u>稳速</u>系统。

（22）所有转速表的检定装置的检定周期为<u>一年</u>，但根据具体使用情况，<u>适当缩短</u>检定周期。

（23）0.5 级转速表在 <u>0.1</u> 级或以上等级的标准转速台上检定。1 级及以下的转速表在 <u>0.3</u> 级或以上的标准转速台上检定。

（24）手持离心式转速表测量转速时，不能用低速挡测量<u>高转速</u>，因此应根据<u>被测轴转速</u>，来选择调速的挡位。

（25）手持离心式转速表测量转速时，两轴不要<u>顶的过紧</u>，以两轴接触时不产生<u>相对滑动</u>为原则。

（26）手持离心式转速表转轴的转动应灵活、<u>无晃动</u>和<u>无卡住</u>现象。

（27）对于有油类润滑和降温的齿轮箱，必须设置<u>专用观察孔</u>，以便观察液面、保护齿轮箱。

（28）转速标准装置的环境温度要求在（10~40）℃，湿度要求在（20~90）%RH。

（29）在被检转速标准装置的范围内选择检定点，对有变速箱的装置，在每个变速挡的范围内，除该挡内的最高、最低的两个转速点外，还应选择一至两个转速点；对无变速箱的装置，除最高、最低转速点外，至少应该再选择五个转速点；对于低档次的装置，可适当减少测量点。

（30）20min 稳定性的检定用于装置的高转速（6×10^4r/min 以上）状态，因装置在高转速时不宜长时间使用，但在 20min 内应能保证检定工作正常进行。

（31）转速标准装置的计量器具控制包括首次检定、后续检定和使用中检定。

（32）0.01 级转速标准装置的转速相对扩展不确定度（k=3）是 1×10^{-4}。

（33）0.5 级非接触式转速表的示值变动性是 0.5%。

（34）在检定转速表时，电源电压的变化应在（220 ± 22）V 范围内。

（35）转速表的每个检定点的示值误差计算公式为 ＿＿＿＿＿＿$\delta = \dfrac{\overline{n - n_0}}{n_0} \times 100\%$＿＿＿＿＿＿。

（36）转速表的每个检定点的示值变动性的计算公式是 ＿＿＿＿$b = \dfrac{n_{\max} - n_{\min}}{n_0} \times 100\%$＿＿＿＿。

（37）JJG 105—2019《转速表检定规程》删除了 0.01 级、0.02 级、0.2 级、1.5级、2.5 级等分级。

（38）JJG 105—2019《转速表检定规程》调整了转速表、转速比及示值变动性的定义。

（39）转速标准装置主要用于各式转速表、转速测量系统的检定与校准。

（40）转速标准装置的测控系统，用于调节、控制标准转速的稳定性和准确性。

（41）转速测量仪的使用中检查包括通用技术要求、测量范围、示值误差、重复性、时基频率误差、4h 时基频率稳定度。

（42）转速测量仪的检定点的选择应包含 30r/min、50r/min、100r/min、300r/min、500r/min、1000r/min、3000r/min、5000r/min、10000r/min、20000r/min、30000r/min。

（43）转速测量仪试运转应选定最低和最高两个检定点进行试运转。

（44）转速测量仪的检定周期一般不超过<u>一年</u>。

（45）转速表测量的实际转速值与转速表刻度值之比是<u>转速比</u>。

（46）测量各种旋转物体旋转速度的仪器仪表叫作<u>转速表</u>，转速的计量单位为<u>转每分</u>，<u>r/min</u>。

（47）在被测旋转物体和测量状态不作任何改变的情况下，对同一被测转速量进行多次重复读数，其示值的最大变化量是<u>示值变动性</u>。

（48）多用转速表具备<u>接触式</u>和<u>非接触式</u>两种测量方式。

（49）转速标准装置的准确度等级与被检转速表的准确度等级之比，应小于等于<u>1∶3</u>。

（50）转速表的检定点选择，在其量程内均匀选定至少<u>8 个点</u>，应包括 100、300、500、1000、3000、5000r/min。

3. 简答题

（1）什么叫转速？

答： 在工程技术上把作圆周运动的物体在单位时间内转过的圈数称为转速。

（2）转速的单位名称及符号是什么？

答： 转速的单位名称是转每分，单位符号是 r/min。

（3）定时式转速表的工作原理是什么？

答： 定时式转速表是按照在一定的时间间隔内测量旋转体转速的方法确定转速平均值，并由指针在表盘上直接指示被测转速值，为了测定时间间隔，在定时转速表上装有定时机构。

（4）离心式转速表的原理是什么？

答： 离心式转速表是利用物体旋转时产生的离心力来测量转速的。当离心式转速表的转轴随被测物体转动时，离心器上的重物在惯性离心力作用下离开轴心，并通过传动系统带动指针回转。当指针上的弹簧反作用力矩和惯性离心力矩相平衡时，指针停止在偏转后所指示的刻度值处，即为被测转速值。

（5）离心式转速表和定时式转速表各有何优缺点？

答： 离心式转速表是根据旋转时产生离心力的原理做成的，结构简单，使用方便，但是由于转速和离心力的非线性，使这种表存在着方法误差、工艺上的误差，因而其精度影响也大。定时式转速表是在时间间隔内测量旋转体转数，再确定转速平均值，因此这种表精度较高，体积较小，较轻便。两者是机械式转速表，精度都不是很高，但是价格便宜，使用方便。这种转速表都是接触式测量，不能进行非接触式测量。

（6）试述磁感应式转速表的测转速原理。

答：磁感应式转速表是根据磁感应原理制成的。磁感应式转速表的表轴上永磁体转动，就形成了旋转的磁场。在此磁场内的敏感元件由于磁场的旋转而切割磁力线，并产生感应电流，这一电流与永磁体相互作用而产生力矩（即涡流电磁力矩），此力矩和表头上装的游丝反作用力矩相平衡时，转速表表盘上的指针就指出了此时的被测转速值。这就是磁感应转速表测量转速的原理。

（7）试简述频闪式转速表的原理。

答：频闪测转速是基于频闪效应原理。所谓频闪效应就是物体在人的视觉中消失后，人的眼睛能保留一定时间的视觉印象（视后效）的现象。视后效的持续时间，在物体一般光度的条件下为（1/15~1/20）s 的范围内。若来自被观察物体的刺激信号是一个跟着一个断续的，每次都少于 1/20s，则视觉印象来不及消失，从而给人以连续而固定的假象。若用一闪一闪的光照明旋转圆盘，在盘上偏离圆心的位置做以明显的记号，则当闪光的闪次 / 分与旋转圆盘的转速相等时，圆盘上的记号即呈现停止状态。若闪次 / 分为已知，则可测定圆盘的转速。

（8）何谓测频法？简述其工作原理。

答：测频法，在转速测量计量中是指用测量频率的方法去测量转速。用接触或非接触的方法做成的转速传感器取来转速信号，将其送入频率计数器，而频率计数器给出标准时间间隔，例如 0.1、1、2、6、10、30、60s 等，在此时间间隔内由频率计数器记下传感器送入的脉冲数，即测出了旋转的频率。而转速和旋转频率的关系是 $n=60 \times f$，因此转速通过测量频率的方法可以获得。电子计数式转速表测出了频率，直接就转换成了转速（r/min）。

（9）根据工作原理转速表分类有哪几种？

答：离心式转速表、磁电式转速表、电子计数式转速表、振动式转速表、电动式转速表、频闪式转速表、电子计数式转速表和磁感应式转速表。

（10）火电厂、水电厂有哪些旋转机械需要测量和控制转速？

答：火电厂的汽轮机、给水泵、给粉机等旋转机械，水力发电厂的水轮发电机等旋转机械均需要测量和控制转速。

（11）离心式转速表的工作原理是什么？

答：离心式转速表的工作原理是离心力和拉力之间的相互作用，通过传动系统带动指示部件，来对被测物体的转速进行指示。离心式转速表在测量机械设备的转速时，转轴会随着被测对象转动，并带动离心器上的重物进行旋转运动，而重物在惯性离心力的作用下就会离开轴心，传动系统受重物的拉力后，就会带动指针从零刻度开始移动。离心式转速表的弹簧会对受离心力作用的重物施加反作用力，当离心力和拉力之间达到平衡时，传动系统的受力不再增加，指针的移动也就停止，当指针稳定后所指示的刻度值，即是被测对象的转速值。

（12）磁电式转速传感器的工作原理是什么？

答：磁电式转速传感器是以磁电感应为基本原理来实现转速测量的。磁电式转速传感器由铁芯、磁钢、感应线圈等部件组成的，测量对象转动时，转速传感器的线圈会产生磁力线，齿轮转动会切割磁力线，磁路由于磁阻变化，在感应线圈内产生电动势。磁电式转速传感器的感应电势产生的电压大小，和被测对象转速有关，被测物体的转速越快输出的电压也就越大，也就是说输出电压和转速成正比。但是在被测物体的转速超过磁电式转速传感器的测量范围时，磁路损耗会过大，使得输出电势饱合甚至是锐减。

（13）电子计数式转速表的精度等级是怎么划分的？

答：电子计数式转速表的等级是用百分误差表示的，按 1-2-5 序列分级。其主要技术指标有四个，即示值误差、示值变动性、计数器时基准确度、计数器 4 小时时基稳定度。等级划分为（%）：0.01、0.02、0.05、0.1、0.2、0.5、1。

示值误差指标是（设等级为 A）：$\pm A\% \times n \pm 1$ 个字。

示值变动性指标是（设等级为 A）：$\pm A\% \times n \pm 2$ 个字。

计数器时基准确度和 4h 时基稳定度指标是：0.01 级均为；0.02 级均为；0.05 级均为；0.1 级以下的转速表对此二项不作要求。

（14）转速表的检定条件是什么？

答：检定时的环境条件是温度为（23±5）℃，相对湿度≤85%；电源电压变化应在（220±22）V范围内；周边无影响正常检定工作的电磁干扰和机械振动；检定转速表的转速标准装置的准确度等级与被检转速表的准确度等级之比应小于等于1：3。

（15）什么是转速表？

答：测量各种旋转机械物体转速的仪器称为转速表，转速表由转换器、传动机构和测量机构组成。

（16）什么是转速比？

答：转速比是指转速表测量的实际转速值与转速表刻度值之比。

（17）转速表按测量方式分为哪几类？

答：按照测量方式转速表分为接触式和非接触式。

（18）转速表在检定时应怎样选检定点合适？

答：在检定转速表时应在其量程内均匀的选取不少于八个检定点，应包含100、300、500、1000、3000、5000r/min。

（19）转速表检定的项目有哪些？

答：检定的项目包含通用技术要求、测量范围、示值误差和示值变动性。

（20）转速表的溯源到国家哪个基准？

答：由于转速与频率的定义相同，均为单位时间内电脉冲出现的次数，两者之间的关系是 $n=60f$，所以可以用频率标准复现和校准转速。转速的计量分为转速源和转速表两部分，转速源指转速标准装置，它是用频率来产生转速的，用来检定转速表，转速标准装置的精度用频率计来评定，所以转速的计量溯源应该到时间频率基准。

（21）JJG 105—2019《转速表检定规程》相比于 JJG 105—2000 作了哪些大的调整？

答：1）调整了转速表的分类，不按工作原理，而按照测量方式和显示方式进行分类。

2）删除了 0.01、0.02、0.2、1.5、2.5 级的分级。

3）删除了计量性能"±1个字""±2个字"的要求。

（22）什么是转速标准装置？

答：它是用于各式转速表、转速测量系统的检定与校准。它主要由三部分组成：转速源，通常使用可控旋转电动机；变速箱，由齿轮箱或者其他变速设备构成，以产生宽范围的标准转速；测控装置，用于调节、控制标准转速的稳定性和准确性。

（23）转速标准装置生产厂应给出的技术指标有哪些？

答：给出装置的使用功率、安全电流、安装要求、隔振要求、工作时间、过流或过压保护状况等；还应给出分辨力、变速比、时钟频率、晶振类型、齿轮箱材质与类型，说明是否用于检查检定接触式转速表。

（24）什么样的装置是转速测量仪？

答：采用分离、专用的激光传感器、光电传感器或者霍尔传感器进行高准确度转速测量的系统称为转速测量仪，计量单位为转/分。

（25）转速测量仪检定点的选择有什么要求？

答：在被检转速测量仪的量程内选检定点，应包含30、50、100、300、500、1000、3000、5000、10000、20000、30000r/min，并在30000r/min和量程上限值间按10000r/min增加检定点，在量程下限值和30r/min间按1-3-5系列增加检定点。

（26）转速测量仪的计量项目指标包括哪些？

答：包括最小测量范围、最大允许误差、重复性、4h时基频率稳定度。

（27）转速传感器在检测时，安装上有什么要求？

答：安装时，转速传感器应正对齿面安装，中线与测速齿轮轴心线垂直并相交，转速传感器前端面与齿顶间隙需合适，建议安装间隙在0.5~1.5mm之间，有安装要求的传感器应按说明书要求安装。

（28）什么是转速传感器？

答：转速传感器是将旋转物体的转速转换为电量输出的传感器。转速传感器的核心部件是采用磁敏电阻作为检测的元件，感应对象为磁性材料或导磁材料，如磁钢、铁和电工钢等。当被测体上带有凸起（或凹陷）的磁性或导磁材料，随着被测物体转动时，传感器输出与旋转频率相关的脉冲信号，达到测速或位移检测的发讯目的。

（29）电容式转速传感器有哪些优点？

答：电容式转速传感器的优点是温度稳定性好、动态响应好、灵敏度高，同时可以实现非接触测量。

（30）什么是角速度？

答：描述刚体转动快慢和方向的物理量，刚体在一段时间内转过的转角，称为角位移，角位移和这一段时间段的比值称为角速度，通常使用的单位为弧度／秒。

（31）什么是线速度？

答：旋转刚体上任意一点在单位时间里的位移量，是描述转动刚体上任意一点的运动特性，通常使用的单位为米／秒（m/s）、千米／小时（km/h）。

（32）简述常用转速传感器的种类、结构原理和使用方法。

答：常用的转速传感器有光电式和磁电式两种。光电式转速传感器一般用在实验室或者携带式仪表。现场固定安装的转速表，因为考虑到光源易出问题，所以多采用磁电式转速传感器。光电式转速传感器由光源、光敏器件和转盘组成。转盘转动时，使投射或者反射的光线产生有无或强弱的变化，从而使光敏器件产生与转速成正比的脉冲信号。磁电式转速传感器由磁电探头和带有齿的转盘等组成。转盘一般有60个齿，并由导磁钢铁材料加工而成。磁电探头内有永久磁铁，使其外面绕有线圈，当转盘转动时，由于磁通发生变化，感应出脉冲电势，经放大整形后，送计数器计数。转速传感器必须严格按照厂家规定的技术要求安装使用。

（33）离心式转速表的误差来源有哪些？

答：由于弹簧的特性不恒定产生的误差，称为方法误差，与转速表制造工艺有关的工具误差，由于温度变化造成仪表零件尺寸变化、弹簧弹性变化所产生的温度误差，由于转速表安装不正确引起的误差。

（34）简述离心式转速表误差的调整方法。

答：当检定点指示都偏大或者偏小，其误差均匀，通常是机械零位不准，为此可取下指针，将转速表检定装置升速到某一检定点，重新上好被检表的指针，然后将转速降到零，被检表不在零位时，可调整零点螺钉使指针指零或专用刻度线。当检定点后部分误差过大时，一般稍微调整机芯位置即可解决，否则可调整飞锤十字架轴上的两个反抗弹簧的松紧程度，并配合调整调零螺钉。当检定点前部分示值误差过大时，调整方法同上一步，但方向相反。当各检定点指示出现前快后慢或前慢后快时，可配合调整游丝和反抗弹簧松紧度。

（35）数字式转速表显示部分要求有哪些？

答： 数字式转速表显示部分字符应清晰完整，0.05 级和 0.1 级转速表的示值有效位数不少于 5 位，0.5 级转速表的示值有效位数不少于 4 位，1 级和 2 级转速表的示值有效位数不少于 3 位。

（36）转速表的示值变动性指的是什么？

答： 在被测旋转物体和测量状态不作任何改变的情况下，对同一被测转速量进行多次重复读数，其示值的最大变化量是示值变动性。

（37）非接触式转速表与接触式转速表的准确度等级是怎么分类的？

答： 非接触式转速表的准确度等级按照 0.05 级、0.1 级、0.5 级、1 级进行划分；接触式转速表按照 0.1 级、0.5 级、1 级和 2 级进行划分。

（38）转速标准装置的计量器具控制指的是什么？

答： 转速标准装置的计量器具控制指的是首次检定、后续检定和使用中检验。首次检定是为了确定新生产或者新研制的装置是否符合其批准时型式或标准所规定的要求。后续检定是为了确定装置自上次检定后并在有效期内使用后，其计量性能能否仍符合所规定的要求。使用中的检验是为了检查装置在检定证书有效期内，其状态是否有明显变动，其准确度等级是否保持不变。

（39）对转速标准装置的检定，该如何选择检定点？

答： 在被检装置给定的范围内选择检定点，对有变速箱的装置，在每个变速挡的范围内，除该挡内的最高、最低两个转速点外，还应选择 1~2 转速点，对无变速箱的装置，除最高、最低转速点外，至少还应选择 5 个转速点，对于低档次的装置，可适当减少检定点。

（40）脉冲式转速表的特点是什么？

答： 振动式转速表是利用电子计数原理制成的。把被测转速变换成电脉冲频率信号后进行测量的转速表。它由转速传感器、测量电路和指示器等部分组成。转速传感器将被测转速变换为脉冲频率信号。转速传感器按作用原理分为光电式、磁电式和霍尔式等。光电式转速传感器具有测量精确度高、输出信号便于远传和处理等特点，上限工作频率为30~100kHz（被测转速与传感器每转输出脉冲数的乘积）。用转速传感器和数字显示仪组成的数字式脉冲转速表的测量误差小于0.01%。

（41）振动式转速表的特点？

答： 振动式转速表是利用特制弹簧片组与相应的转速谐振效应制成的，故称为振动式转速表。它是通过测量旋转机械所产生的周期振动来测量转速的。由于机械产生的振动波可以在钢铁等金属结构物中转速几十米至数百米，所以转速表可以测量远距离的井下电动机（泵）的转速。振动式转速表在各油田中应用广泛，它有着其他结构转速表不可替代的优越性。由于振动式转速表结构的特殊性，转速表不能在标准转速发生装置上测试，转速表的测试只能在校准振动台上进行。

（42）简述电子计数式转速表的检定项目。

答： 电子计数式转速表的检定项目有：

1）一般性检定：检查外观、正常工作状态、自校及各功能开关是否符合技术要求。

2）检定时基准确度和4h稳定度。

3）检定示值基本误差和示值变动性。

（43）检定电子计数式转速表的标准设备有哪些？其技术指标是如何规定的？

答： 检定电子计数式转速表的标准设备及技术指标：

1）标准频率源或高精度电子计数器，其准确度和稳定度应优于被检转速表的一个数量级。

2）转速表检定装置，其准确度和稳定度优于被检表的3倍。

（44）检定0.1级或0.3级转速表检定装置需要哪些标准仪器和设备？

答： 检定0.1级或者0.3级转速表检定装置需要的标准仪器设备有：

1）准确度和日稳定度优于 1×10^{-6} 的通用电子计数器，并配有测速传感器，且经过计量部门检定合格。

2）精度为 ±2dB 的声级计。

（45）检定0.1级无稳速系统的转速表检定装置时，计算被检装置某检定点综合相对误差的步骤有哪些？

答：步骤如下：

1）计算出大于 10 个连续读数的算术平均值。

2）算出各个测量值的残差 $v_i = n_i - \overline{n}$。

3）根据正负误差出现规律均等的现象，检查 $\Sigma(+v_i) \cong \Sigma(-v_i)$，若两者相差较大，应检查计算是否错误。

4）算出每个残差的平方值，并算出残差的平方和 Σv_i^2。

5）算出这一检测点单次测量的标准差 σ。若有 $|v_i| > 3\delta$，则应作为粗大误差剔除，然后按上述程序重算。

6）根据自由度（$m-1$），查 t 分布表，计算算术平均值的极限误差。

7）根据算数平均值的极限误差，算出被检点的综合相对误差 A_n。

（46）对 0.001 级的转速标准装置怎么进行振动水平检定？

答：用振动测量仪对装置进行检定，对有齿轮箱的装置，测振点选在齿轮箱顶盖和主机输出轴端附近，共两点；对无齿轮箱的装置，测振点选在主机输出轴端附近两点。测振时的转速选在 $n=3000$r/min 和最高转速两个转速。同时测量、分次测量均可，分别测出两点、两个转速下的速度和位移值，它们应符合（1~2000）Hz 速度测量：5%；位移测量：10%。

（47）转速测量仪的后续检定应该包括哪些项目？

答：应包括通用技术要求、测量范围、示值误差、重复性、时基频率误差、4h 时基频率稳定度。

（48）什么是转速测量仪的试运转？

答：首先将转速标准装置和被检转速测量仪按说明书进行预热后，按转速测量仪产品说明书正确安装调整好转速传感器，并确认被检传感器能正常接收信号。然后，选定最低和最高两个检定点进行试运转，待被检转速测量仪正常显示转速值时，准备进行示值检定。

（49）转速测量仪示值误差、重复性及测量范围怎么检定？

答：将转速标准装置分别调到检定点的转速值，待转速输出稳定后，在同一检定点连续读取并记录被检转速测量仪的 10 个显示值。

每个检定点的示值误差按照下式计算

$$\Delta n = \overline{n} - n \tag{1}$$

式中：Δn 为检定点的转速示值误差，r/min；$\overline{n}$ 为检定点的测量平均值，r/min；n 为检定点标称值，r/min。

每一个检定点的重复性按照下式计算

$$s_N = \sqrt{\frac{\sum_{i=1}^{N}(n_i - \overline{n})^2}{N-1}} \tag{2}$$

式中：s_N 为检定点 10 次转速测量值的重复性，r/min；n_i 为检定点第 i 次的转速测量值，r/min；N 为检定点的测量次数，一般取 N=10 次。

最低和最高两个检定点确定的转速范围为被检转速测量仪的测量范围。示值误差、重复性及测量范围的检定结果应符合相应技术指标。

第 2 章

电子皮带秤

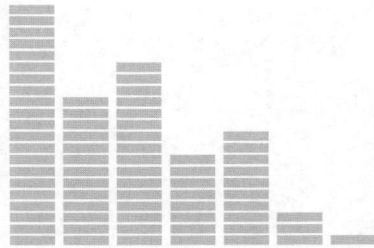

第 1 节

电子皮带秤基础知识

一 术语定义

1. 衡器

通过作用于物体上的重力来测定该物体质量的计量器具。衡器也可以用于测定与确定的质量有关的其他量值，数量、参数或特性。按其操作方式，衡器被分为自动衡器（AWI）和非自动衡器（NAWI）。

2. 自动衡器 AWI

在称量过程中不需要操作者干预，就能按照预定的处理程序自动工作的衡器。包括：重力式自动装料衡器、连续累计自动衡器（皮带秤）非连续累计自动衡器、动态公路车辆自动衡器、自动分检衡器、自动轨道衡、自动轨道衡。

3. 皮带秤

皮带秤是指无须对质量细分或者中断输送带的运动，而对输送带上的散装物料进行快速、连续、累计称量的自动衡器，主要分类有按承载器分类：称量台式承载器，输送机式承载器；按带速分类：单速皮带秤，变速皮带秤。

4. 称重单元

皮带秤上提供被测载荷质量信息的装置。

5. 累计分度值

皮带秤在正常的称量方式下，总累计显示器或部分累计显示器以质量单位表示的两个相邻显示值的差值。

6. 称量长度

在皮带秤承载器的端部称重托辊轴与最接近的输送托辊轴间的 1/2 距离上的两条假想线之间的距离。当只有一个称重托辊时，等于称重托辊两边最近的输送托辊轴间 1/2 的距离。

7. 最大秤量

代表称量长度的那部分输送带上，称重单元可以称量的最大净载量（由散装物料产生的载荷，不包括皮带本身产生的载荷）。

8. 最大流量

由秤体的最大秤量与皮带的最高速度得出的流量。

9. 最小流量

高于此流量，称量结果就能符合本规范要求的流量。

10. 最小累计载荷

以质量单位表示的量，皮带秤的累计值低于该值时就有可能超出本规范规定的相对误差。

11. 计量单位

皮带秤上应使用质量单位，质量单位为：千克（kg）、克（g）或吨（t）。

二 电子皮带秤的结构及用途

皮带秤由承载器、称重传感器、速度传感器、累计指示装置及控制系统组成。

电子皮带秤具有结构简单、称量准确、使用稳定、操作方便、维护量少等优点，不仅适用于酸、碱、盐及大气腐蚀环境，还广泛地应用于冶金、电力、煤炭、矿山、港口、食品、化工、建材等行业大宗散装物料的快速自动化计量称重、散料贸易结算、生产工艺流程中的配料计量及检测控制。

三 电子皮带秤工作原理

电子皮带秤称重桥架安装于输送机架上，当物料经过皮带时，计量托辊检测到皮带机上的物料重量通过杠杆作用于称重传感器，产生一个正比于皮带载荷的电压信号。在皮带秤上有一个称重传感器装在称重桥架上，工作时，将检测到皮带上的物料重量送入称重仪表，同时由测速传感器皮带输送机的速度信号也送入称重仪表，仪表将速度信号与称重信号进行积分处理，得到瞬时流量及累计量。速度传感器直接连在大直径测速滚筒上，提供一系列脉冲，每个脉冲表示一个皮带运动单元，脉冲的频率正比于皮带速度。称重仪表从称重传感器和速度传感器接收信号，通过积分运算得出一个瞬时流量值和累积重量值，并分别显示出来。

四　电子皮带秤分类

皮带秤发展到今天，产品形式多样，功能各异，电子皮带秤的分类也因方法也各异而不同，往往一种皮带秤是多种形式的集合体。常见的分类方式是按电子皮带秤的机械结构类型、按皮带秤所配输送机的设计带速、按对皮带秤的给料方式、按皮带秤的主要用途进行分类，具体分类情况如下：

1. 按电子皮带秤的机械结构类型

（1）按制造皮带秤时是否已同时把皮带输送机制作成一体化结构可分为两个种类：嵌装型皮带秤和整机型皮带秤。嵌装型皮带秤与其配套的皮带输送机可以不是同时设计制造的。通常皮带秤厂商要到用户现场把称重单元（包括称量台与称重传感器）嵌装于往往由用户另行置备的皮带输送机的机架上共同组成称重系统。整机型电子皮带秤所需的输送机，包括输送机架、滚筒与托辊、输送皮带、驱动电动机等，已与皮带秤称重用零部件设计制造成一体化结构，其输送机长度一般比嵌装型的要短。

（2）按皮带秤的承载器型式可分为两种类型：称量台式皮带秤和输送机式皮带秤。称量台式皮带秤的承载器只包括部分输送机。此类皮带秤作为皮带输送机的一部分，与皮带输送机一起输送物料。输送机式皮带秤的承载器是一台完整的输送机。此类皮带秤自身具有动力，能独立输送物料。

应注意，虽然输送机式皮带秤与整机型皮带秤都自带输送机及其动力，但切莫把两者混为一谈；嵌装型皮带秤与称量台式皮带秤的概念也并非完全等同。输送机式皮带秤一般都是整机型皮带秤；但称量台式皮带秤，可以是嵌装型的，也可以是整机型的，这两种类型都很常见。具有称量台的整机型皮带秤的承载器是称量台及恰运行于其上的那一段皮带，而不是一台完整的输送机。承载器型式的不同直接跟称重传感器的容量有关，同样是整机型皮带秤，承载器为称量台或输送机选择称重传感器的容量的计算公式就不一样。

在称量台式皮带秤中，置于称量台（又称为秤架、秤框或秤台）上的托辊称为"称重托辊"，而安装于输送机架纵梁上的则称为"输送托辊"，其中最靠近称重托辊的前后各一组输送托辊又特称为"秤端托辊"。物料重力的传递途径为：输送带→称重托辊→托辊支架→称量台→称重传感器。而在输送机式皮带秤中，物料重力的传递途径为：输送带→托辊与滚筒→输送机架→称重传感器。

（3）按称重传感器对于承载器（以及加于其上的物料）的支承方式可分为两种类型：直荷式皮带秤和杠杆式皮带秤。直荷式皮带秤的承载器的重量全部由称重传感器（一个或几个）支承。而杠杆式皮带秤的承载器的重量由称重传感器与作为支点的零部件（如：十字形或 X 形簧片、橡胶耳轴等）共同承受，承载器相当于杠杆，承载器及物料的重力作用线到支点的距离为动力臂，称重传感器对承载器支承力的作用线到支点的距离为阻力臂。除了特殊需要外，杠杆式皮带秤的阻力臂一般都长于动力臂，因此称重传感器仅受到了部分载荷；而直荷式皮带秤受到的是未经缩小的载荷作用力。

承载器为称量台的杠杆式皮带秤又可分为单杠杆式和双杠杆式，后者的称量台分为两截，做成相向安装的成对杠杆。

以上各种结构类型系依照不同的角度来分类的。实际上任何一台皮带秤都会综合不同分类的特征，从而形成众多的品种。

（4）按称重托辊数量的多寡可分为：单托辊皮带秤和多托辊皮带秤。双杠杆式的称重托辊数一般都成偶数，而其他型式的称重托辊可以是偶数，也可以是奇数。单托辊式和悬臂式秤架的电子皮带秤的皮带速度可由制造厂确定，适用于流量较小的地方或控制流量配料用的地方。

（5）按称重传感器的安装位置可分为：低架皮带秤和高架皮带秤。称重传感器的弹性体上下两端各有一个受力点，其中一点跟承载器相连，另一点则跟地面（直接或间接）相接的固定构件相连。跟固定构件相连点的位置在输送机架纵梁上方的为高架秤，而该点在纵梁下方的为低架秤。高架秤维修、更换传感器较为方便，但常需配制龙门架，使用的钢材较多。近年传感器的质量有了提高，高架秤已不多见。

（6）按输送带驱动电动机的安装位置可分为：前驱动皮带秤和后驱动皮带秤。具体电子皮带秤的机械结构类型见表2-1。

表 2-1   电子皮带秤的机械结构类型

分类依据					
A1	A2	A3	A4	A5	A6
整机型	称量台式承载器	悬浮式	双托辊	低架	前驱动
整机型	称量台式承载器	单杠杆式	单托辊	低架	后驱动
整机型	称量台式承载器	双杠杆式	双托辊	低架	后驱动
整机型	输送机式承载器	悬臂式	—	低架	前驱动
整机型	输送机式承载器	台基式	—	低架	前驱动
整机型	输送机式承载器	台基式	—	低架	后驱动
嵌装型	称量台式承载器	双杠杆式	四托辊	高架	—
嵌装型	称量台式承载器	悬浮式	三托辊	低架	—

（7）按皮带秤所配输送机的设计带速可分为：单速皮带秤、多速皮带秤和变速皮带秤。其中，多速皮带秤可以在预定的几种快慢不同的带速中换挡，而变速皮带秤则能在一定的速度范围内无级变换。以上皮带秤若在使用中只用其中一种固定的设计带速，又称为恒速秤；若在使用中会需改变料流量而在其设计带速范围内调节的，又称为调速秤。

（8）按对皮带秤的给料方式可分为：喂料皮带秤和拖料皮带秤。前者，料仓中的物料不与输送带直接接触，而是经由另外的给料装置（如振动给料机、圆盘给料机、星形给料机等）陆续喂送到输送带之上。后者，料仓中的物料直接压在输送带上，在输送带运行时将物料拖出。

（9）按皮带秤的主要用途可分为：计量皮带秤和定量皮带秤。前者，以获得所称物料的连续累计重量为主要目的，计量准确度高，适用于流量较大、计量准确度要求高的地方。后者，又称配料秤，以配料仪表控制所称物料的重量流量为主要目的。

2. 按皮带秤类型

按皮带秤类型可分为电子皮带秤、机械式皮带秤。

电子皮带秤，由钢制机械秤架，测速传感器，高精度测重传感器，电子皮带秤控制显示仪表等组成，能对固体物料进行连续动态计量。称重时，承重装置将皮带上物料的重力传递到称重传感器上，称重传感器即输出正比于物料重力的电压（mV）信号，经放大器放大后送模/数转换器变成数字量 A，送到运算器；物料速度输入速度传感器后，速度传感器即输出脉冲数 B，也送到运算器；运算器对 A、B 进行运算后，即得到这一测量周期的物料量。对每一测量周期进行累计，即可得到皮带上连续通过的物料总量。称重显示器主要有数字显示和汉字显示两种，汉字显示为数字显示的升级产品。称重显示器有累计和瞬时流量显示，具有自动调零、半自动调零、自检故障、数字标定、流量控制、打印等功能。汉字显示除此之外还能显示速度。汉字显示在操作时有功能显示，能更好的帮助使用人员操作。

机械式皮带秤，由重力传递系统、滚轮、计数器和速度盘组成。速度盘转速正比于皮带速度。滚轮滚动的角速度正比于皮带上通过的物料量。滚轮在速度盘上滚动的位置由物料的重力大小来调整。当皮带上没有物料时，滚轮靠近速度盘中心，转速为零，计数器不累计；当皮带上有物料时，滚轮随着重力变大向周边移动，并带动计数器记下皮带上通过的物料总量。

第2节
电子皮带秤的选型、安装

一 电子皮带秤的选型

1. 电子皮带秤型号的表示方法

电子皮带秤型号的表示方法主要遵循国家标准，如 GB/T 7721—2017《连续累计自动衡器（皮带秤）》。一般来说，电子皮带秤的型号表示会包含皮带宽度、数字显示、传感器测重以及皮带秤本身的信息。但具体的表示方式可能会因不同厂家或产品而有所差异。

通常，电子皮带秤的型号中会直接体现其关键特性，如 ICS 系列中的 ICS-14、ICS-17、ICS-20 和 ICS-30 等，这些型号可能还会附带表示准确度的等级，如 ICS-17A-（0.25）表示该型号电子皮带秤的准确度等级为 0.25 级。

具体电子皮带秤型号的表示方法还需参考相关产品的技术手册或咨询厂家获取准确信息。

2. 电子皮带秤准确度等级

根据现行的国家计量检定规程，电子皮带秤的准确度主要分为四个等级：0.2、0.5、1.0、2.0 级。

3. 电子皮带秤的选择

电子皮带秤能够精确地衡量企业之间的商业贸易结算以及企业内部的成本核算，所以在对衡量企业之间的商业贸易结算时，就应该适当选择准确度比较高的设备和仪器，例如选择 0.2 级准确度的电子皮带秤。而在进行企业内部的成本核算时，就可以选择准确度较低的设备仪器，例如选择 0.5 级和 1.0 级的电子皮带秤。选择准确度较高的皮带秤所需要的选型以及安装与维修的技术要求就比较高，所花费的成本也就随之而变得很大。

4. 所选设备的配置

当明确了选择电子皮带秤设备的目的后，还应该清楚在选择电子设备配置时是否还有其他的测量要求，这样才能够在选择其他相关配置时更加容易和方便。在购买电子皮带秤时应该要主动向商家阐述所需要的设备基本配置和选用配置等各个方面的要求。并且电子皮带秤中核心部件主要是电子计算器，这个器件之间的价格差距比较大，所以商家在进行电子皮带秤的选型、安装以及维修的过程中，应该考虑到电子计算器的选型。根据自身的需要对电子皮带秤设备进行配置。

称重系统由显示仪表、传感器、秤体等三大部分构成。其中，秤体是被称物料与仪表间的机械传递系统。秤台和传力机构，将物体的重量准确传递给称重传感器；位于秤台和基础之间的称重传感器，将被称物体的重量按特定的函数关系转换为毫伏级电信号，然后再输出到称重仪表。经处理后，仪表直接显示被称物体的重量数据。通过仪表同工控机的结合，可以对测量数据进行处理，按照用户要求完成各种操作。

5. 称重传感器的选型

选用称重传感器时要考虑到其灵敏度、最大分度数和最小检定分度值等。

（1）使用环境。称重传感器是一种将质量信号转换成可测量的电信号的输出装置。用传感器，首先要考虑其所处的实际工作环境。这点对传感器的正确选用至关重要。一般情况下，高温环境会使传感器涂覆材料融化、焊点熔化、弹性体内应力发生结构变化等；粉尘、潮湿会使传感器发生短路；较强腐蚀性环境会造成传感器弹性体受损或产生短路现象；电磁场对传感器输出会产生干扰。

（2）传感器的数量和量程。其数量的选择，是根据电子衡器的用途、秤体需要支撑的点数。一般秤体有几个支撑点就选用几只传感器，量程选择可依据秤的最大称量值、选用传感器的个数、秤体自重、可产生的最大偏载及动载因素来综合考虑。一般，传感器的量程越接近分配到每个传感器的载荷，其称量的准确度就越高。但是，实际使用中，由于加在传感器上的载荷，除被称物体外，还有秤体自重、皮重、偏载及振动冲击等载荷，因此，选用传感器时，要考虑诸多方面因素。

（3）传感器的使用范围。型式选择主要取决于称重的类型和安装空间。对于制造厂家，它一般规定传感器的受力情况、性能指标、安装形式、结构形式和弹性体的材质等。如铝合金悬臂梁传感器，适于电子计价秤、平台秤、案秤等；钢式悬臂梁传感器适用于电子皮带秤、分选秤等；钢质桥式传感器，适于轨道衡、汽车衡等；柱式传感器适于汽车衡、动态轨道衡和大吨位料斗秤等。

（4）准确度的等级选择。其准确度等级，包括传感器的非线性、蠕变、重复性、滞后、灵敏度等指标。选用时，不应盲目追求高等级的传感器，而应考虑电子衡的准确度等级和成本。

6. 称重仪表的选择

用多只称重传感器组成一个称重系统时，必须考虑它采用什么样的工作方式，而且称重传感器的技术参数必须与仪表的参数匹配。以目前采用的并联工作方式称重系统为例，它要求系统实际最大电流必须小于称重仪表的最大拱桥电流。这可以通过计算传感器组输入、输出阻抗，并与仪表的技术数据进行匹配来判断。

　　称重仪表，一般由模拟电路和数字电路两部分组成。模拟电路包括电源、前置放大器、滤波器、A/D 转换等；数字电路包括处理器、存储器、键盘和显示器等。仪表故障诊断最简便有效的方法就是用替代法。在通过检测确认损坏部件后，使用备用件直接进行更换，可以使系统更快投入使用。

二 电子皮带秤的安装

　　皮带秤的安装应符合说明书中有关皮带输送机、安装位置等方面的要求，充分考虑环境温度、湿度、气流、振动、电磁干扰等方面的影响，将周围环境对其计量准确性的影响降到最低。皮带秤用于物料计量和流量控制使用，为保证其计量的准确性要求皮带秤运行平稳无振动，各输料组件运转灵活；同时皮带秤在输料时均匀承载，无偏载现象。因此特对配料皮带秤和计量皮带秤及计量组件的安装作如下要求：

1. 皮带秤的环境要求

（1）皮带秤安装时应远离风力、雨天、暴晒的环境。

（2）皮带秤安装时应远离有震动源、腐蚀性气体、强磁场及大型电动机设备干扰的场所。

2. 皮带固定要求

（1）皮带秤在安装时要求不得与主皮带发生任何关系。

（2）在安装时皮带秤应采用独立的安装支架或平台，安装支架或平台必须稳固及水平。

（3）皮带秤安装时应保证横向和纵向水平。

（4）皮带秤电动机必须与皮带秤主体安装在同一平台上，严禁驱动电动机采用独立安装支架，安装时应确保驱动电动机与皮带秤主动滚筒传动轴保持良好的同轴度。

（5）当皮带秤采用蜗轮蜗杆减速机，在安装时要求蜗杆水平安装，且在上端。

3. 合理确定秤体安装位置

安装位置的选定可以分成两个问题来讨论：一是在输送同一物料的几条皮带输

送机中选择哪一条安装电子皮带秤；二是在选定的某条皮带输送机上安装在什么位置。由于电子皮带秤应该装在皮带张力小和皮带张力变化小的地方，所以选定安装位置的这两个问题都需要考虑皮带张力。对输送同一物料的几条皮带输送机来说，皮带长度越短，提升物料高度越低（或者用输送机倾角来衡量），皮带张力就越小，越适宜安装电子皮带秤；对选定的某条皮带输送机来说，特别是对最常见的单滚筒传动的输送机，其驱动装置一般设置在头部滚筒处。当采用头部滚筒驱动时，靠近尾部滚筒的位置符合这一要求。

要在输送机皮带张力变化不大的地方安装秤体，且不能出现伸缩、接头和纵梁拼接处，称重范围中托辊与输送机支撑要有充足强度与刚度，最大限度减少外界因素的影响，如风力、雨雪、腐蚀、振动和磁场等。在皮带输送机上安装好秤体以后，要和振动料仓分离，减少振动信号为称重信号造成的干扰。

4. 称重托辊的选择与安装

对称重托辊径向跳动来说，承重高度与槽行角公差不能超出国家规定的标准范围内，托辊槽行角不能超过35°，若是槽型角过大，会让托辊的心度出现差异，皮带柔性也将受到不利影响。称重托辊要比其他托辊超出约6mm，且纵向中心线要和输送机架挂辊中心线重合，并和输送机纵向保持平行。

5. 电气部分安装要求

电源要与动力线相避开，或者是选择照明电源，在条件允许的情况下，要将电源稳压装置安装到计算机电源侧。输送机一侧要将电气接线盒安装好，保证其密封性，避免在清扫输送机架的过程中，电路板内进水或接线盒中进入粉尘。计算机控制室与现场保持一定的距离，通常为数百米，称重信号线与电力电缆线在走线上要分开，同时要接好屏蔽端。因为线路损耗很大，称重信号容易被外界所影响，当距离在60m以上后，接线要选择6线制接法，且计算机与秤体都需要进行接地，接地电阻不能超过4Ω。

6. 皮带秤对供料设备的要求

（1）当采用圆盘给料方式时，在圆盘卸料部应安装受料器，受料器的出料口及安装应等同于拖拉式下料口的要求。

（2）当采用拖拉式给料时，下料口要求出料高度可调同时最大调整高度应满足对料流的堆积要求。同时出料口出料面应做成沿料流方向的斜面形状，以便于大块物料的排除。

（3）当采用拖拉式给料时，出料口上部应设计安装闸板阀，以便于皮带秤的检修和调试。为保证皮带秤计量运行的稳定性和精度，要求该闸板阀采用对开双闸板，闸板啮合线与皮带秤输料方向一致。闸板的最大开度不小于出料口有效出料截面。

（4）料仓上端入料口应设置分料栅板或栅格，其单位下料口径不大于出料设备最小工作流量下出料口的最小出料高度，以免发生料块阻塞下料口。

（5）当设备工作环境温度长期处于零点以下时，如果物料含水率足以使物料冻结成块状时，应该在料仓上采用加热措施。

7. 皮带秤的空间位置

皮带秤在安装时应满足以下空间位置要求：

（1）皮带秤受料段纵向中心应与料仓下料料流中心线重合，料流自然堆积应均匀分布在皮带秤受料段中心线两侧，且按料流方向距受料段前后沿各保持 5cm 的距离，料流堆积高度不漫料。

（2）当采用圆盘供料方式时，圆盘卸料落差不大于 200mm，同时圆盘不与秤体任何部位接触。当皮带秤没有采用收料设备时，应现场制作简易收料溜槽（该溜槽在安装时不得与皮带秤发生接触）。圆盘供料时要求料流集中，料流沿皮带秤送料方向断面不大于 200mm，料流在皮带秤上的自然堆积前沿距受料段前沿各保持 5cm 的距离。

（3）当采用拖拉式给料方式时，下料口不得与皮带接触，下端距皮带保留 5mm 或是 2~3 倍正常物料直径的距离。同时自然堆积的物料边缘距皮带边缘两侧距离都小于 3cm，当采用裙边皮带时物料自然堆积的斜面与裙边的交线应低于裙边上沿至少 1cm 的距离。

（4）皮带秤下方距主皮带高度不低于 300mm，并安装输料溜槽保证料流均匀分布在主皮带中心。

（5）皮带秤安装时应预留适当的维修维护空间，以便于后期作业。

8. 称重传感器的安装

称重传感器要轻拿轻放，尤其是由合金铝制作的弹性体小容量传感器，任何冲击、跌落，对其计量性能均可能造成极大损害。对于大容量的称重传感器，一般来说，它具有较大的自重，故而要求在搬运、安装时，尽可能使用适当的起吊设备。安装传感器的底座安装面应平整、清洁，无任何油膜、胶膜等存在。安装底座本身应有足够的强度和刚性，一般要求高于传感器本身的强度和刚度。

水平调整有两个方面的内容：一是单只传感器安装底座的安装平面要用水平仪调整水平；二是指多个传感器的安装底座的安装面要尽量调整到一个水平面上，尤其是传感器数多于三个的称重系统中，更应注意这一点，这样做的主要目的是为了使各传感器所承受的负荷基本一致。每种称重传感器的加载方向都是确定的，在使用时，一定要在此方向上加载负荷。横向力、附加的弯矩、扭矩力应尽量避免。

尽量采用有自动定位作用的结构配件，如球形轴承、关节轴承、定位紧固器等。他们可以防止某些横向力作用在传感器上。要说明的是：有些横向力并不是机械安装引起的，如热膨胀引起的横向力，风力引起的横向力，及某些容器类衡器上的搅拌器振动引起的横向力。某些衡器上有些必须接到秤体上的附件，应让他们在传感器加载主轴的方向上尽量柔软一些，以防止他们"吃掉"传感器的真实负荷而引起误差。

称重传感器周围应尽量设置一些"挡板"，可以用薄金属板把传感器罩起来。这样可防止杂物沾污传感器及某些可动部分，而这种沾污往往会使可动部分运动受阻，而影响称量精度。系统有无运动受阻现象，可以用以下方法判别。即在秤台上加或减大约千分之一额定负荷看看称重显示仪是否有反映，有反映，说明可动部分未沾污。

称重传感器虽然有一定的过载能力，但在称重系统安装过程中，仍应防止传感器的超载。要注意的是，即使是短时间的超载，也可能会造成传感器永久损坏。在安装过程中，若确有必要，可先用一个与传感器等高度的垫块代替传感器，到最后，再把传感器换上。在正常工作时，传感器一般均应设置过载保护的机械结构件。若用螺杆固定传感器，要求有一定的紧固力矩，而且螺杆应有一定的旋入螺纹深度。一般而言，固定螺杆应采用高强度螺杆。传感器应采用铰合铜线形成电气旁路，以保护它们免受电焊电流或雷击造成的危害。传感器使用中，必须避免强烈的热辐射，尤其是单侧的强烈热辐射。

三 计量皮带秤的安装

1. 皮带秤安装处输料机机架要求

（1）秤体安装部位的输料机不得有伸缩，如接头或是纵梁拼接等可能会造成输料机计量部位伸缩的现象。

（2）整个称重域内托辊和输送机机架应有足够的刚度，以使域内托辊间的相对挠曲不超过 0.4mm。

（3）安装秤体的输料机倾角不大于 18°。

2. 皮带秤安装位置要求

（1）皮带秤应安装在输料机直线段。

（2）安装处为输料机的皮带张力和张力变化最小的部位，最好安装在靠近尾部的地点。当将秤体安装在尾部时应距离装料点不小于 5~9m，同时距离点料板不得小于 3~5 个托辊间距。

（3）当秤体必须安装在凹形皮带附近时，则应保证秤安装在输送机直线段并确保整个装料处称的前后至少有四个托辊与皮带紧密接触。

（4）当秤体必须安装在凸弧形曲线附近时，应确保装料点和秤之间的皮带在垂直方向不应有弧形，弧形段必须在称量段托辊之外 6m 或是 5 倍托辊间距的地方。

（5）为保证秤体计量准确，输料机上应只有一个装料点。

（6）为保证计量精度，输料机输送料量应在 20%~120% 范围内。

3. 皮带秤安装对输料皮带的要求

（1）所有长度超过 12m 的皮带输送机均应加装恒定的张力或是拉紧装置。

（2）长度小于 12m 的皮带输送机易受外部环境影响或是输送机上载荷不稳定，也应加装恒定的张力或是拉紧装置。

（3）皮带运行在输料机机架的纵向中心，无跑偏现象。

4. 皮带秤安装对输料皮带托辊的要求

（1）托辊的径向跳动、呈拖高度、槽型角的公差应在国标允许范围内。

（2）系统选用的托辊和皮带输送机原有的托辊尺寸必须相同，槽型角必须相同。

（3）使用电子皮带秤时，托辊槽型角最好为20°。并用样板将称重域内托辊槽型角进行调整，使之间隙不超过0.5mm。

（4）用于输料机皮带中心导向的托辊，可安装在距称重段8个托辊间距的地方。

5.传感器安装要求

（1）采用两个传感器时，两个传感器承载点要求在同一水平面。

（2）计量采用两个传感器时，两个传感器承载点联线要求与滚筒轴线平行。

（3）计量采用单个传感器以悬挂方式进行计量时，要求该传感器处于称体中心线上并垂直安装。

（4）当计量采用两个以上传感器时，除满足上述三条的要求外，还要满足所有计量传感器称载点处于同一平面，同时该平面与秤体输料平面平行。

（5）计量传感器量程应大于皮带秤输料最大流量下计量段物料重量的120%，同时使用多支传感器时各传感器量程应相同，性能指标一致。

（6）计量用传感器为径向承载型（如拉式、压式、柱式、轮辐式、桥式等）时，安装后和使用中应保证传感器纵向轴心和水平面垂直状态，同时仅承受计量皮带秤垂直载荷。

（7）计量用传感器为剪切承载型（如悬臂梁式、箱式等）时，安装后和使用中应保证传感器承载面和水平面平行无倾斜现象，同时仅承受计量皮带秤垂直载荷。

（8）传感器在安装时应采用高强螺栓，并安装牢固无蠕动。

（9）传感器安装完后应妥善保管其合格证。

（10）满足传感器技术指标中对环境的其他要求。

6.配料皮带称重托辊的安装要求

（1）计量托辊应满足处于计量段进出托辊的中间，轴向中心线和以上两托辊中心线均平行于传动滚筒轴向中心线。

（2）计量托辊应平行于进出计量段的两个托辊，同时径向中心与皮带秤中心线重合。

（3）计量托辊安装时应高出进出托辊2mm。

（4）计量托辊应无轴向和径向的窜动和震动。

7. 计量皮带称重托辊的安装要求

（1）计量皮带秤计量托辊和进出机量称的首位托辊以计量秤输料方向为中心等间距分布。

（2）计量托辊槽型中心与输料机其他托辊槽型中心重合。

（3）计量域托辊应高出输送机其他托辊 6mm。

（4）计量托辊应安装牢固无倾斜。

8. 测速器件

该仪表可连接多种形式的测速传感器，如增量型光栅编码器、托辊式测速传感器、小车测速传感器。但对于不同类型的计量秤体，从便于安装角度考虑有所区别：配料皮带秤应采用增量型光栅编码器，计量皮带秤应采用后两种类型。因此安装的要求有所不同：

（1）配料皮带秤测速器件的安装。

1）应安装在从动滚筒上，严禁安装在主动滚筒上。

2）应安装必要的防磕防砸装置，且便于检查、拆卸维修。

3）安装时必须保证编码器和安装滚筒输出的同轴度。

4）编码器和被测滚筒输出轴采用柔性连接，并保证同步灵活旋转。

5）安装时应考虑到皮带松紧对连接的同轴度的影响，安装架应方便调整，或做成同步移动型安装架。

（2）计量皮带秤小车式测速器件的安装。计量皮带秤小车式测速器件的安装应遵循就近安装、运行无跳动、长期运行无粘脏的原则，以便于后期的施工和维护保养以及保证测量精度。

1）测速小车应安装在回程皮带上面。

2）测速小车测速轮应与检测点皮带紧密接触并同步灵活转动。

3）安装后测速小车两测速轮于皮带交点连线应垂直于皮带纵向中心线，同时交点连线的中心线和皮带纵向中心线在垂直面上平行。

4）安装后测速小车两测速轮与皮带交点连线应与水平面平行。

5）安装位置处要求皮带应清洁。如不满足上述条件应在上游位置加装测量面清扫装置。

6）安装位置处皮带无下垂。

7）安装位置皮带无跳动，或调动量较小不会造成测速小车脱离皮带。

8）安装时严禁将小车安装在平托辊上方。

9）安装位置处要求皮带应清洁，环境清洁无重粉尘。如不满足上述条件应在上游位置加装测量面清扫装置和防降尘装置。

9. 布线及接线盒的安装

正确的布线和接线盒的安装可以有效地提高系统的抗干扰性。在现场布线施工时应遵循以下要求：

（1）线盒应安装在无振动、无强电磁干扰、防水防尘无结露的环境下。

（2）线盒应安装牢固和易拆卸，同时方便接线和维护。

（3）现场布线应采用防砸、抗拉处理装置，同时穿线管和桥架应安装在固定体上。

（4）布线时信号线不要和动力电源电缆放在同一桥架内，同时要远离强电磁干扰。

（5）现场采用屏蔽电缆单端接地方式接线。

（6）当屏蔽电缆需要连接时，应确保可靠连接和屏蔽。

（7）现场布线尽量采用多芯软线，线径不小于 $0.5m^2$。当信号传输距离在 100~200m 之间时，可采用 6 线制接线方式；当信号传输距离在 200~2000m 之间时，应采用信号变送器以电流信号方式传输。

（8）遵循其他相关国家仪表布线规范。

第 3 节

电子皮带秤常见故障

电子皮带秤主要由安装于皮带输送机现场的秤架（称重桥架）及安装其上的称重托辊和托辊架、轴承（含橡胶耳轴）或簧片支点、称重传感器及其连接件、测速传感器及其连接件、接线盒及安装于仪表（控制）室内的称重显示仪表组成。其故障一般出现在安装于皮带输送机现场的各部分上。

1. 现场外观检查与处理

当一台电子皮带秤计量性能变差时，应当先进行现场外观检查。检查秤架是否被物料或其他物体卡住，各支点轴承或簧片是否有问题，称重托辊转动是否正常，测速滚轮或滚筒转动是否正常等。当秤架被卡住时，应及时将卡物清除掉；如果支点轴承或簧片损坏，应及时更换；如果各转动部分转动不灵活，应及时加润滑油，加油不能解决问题时，应清洗或更换有关轴承。外观检查未发现异常时，应当根据具体情况对接线盒或测速传感器及其连接件系统或称重传感器进行检查。

2. 接线盒的检查与处理

检查接线盒盒盖是否盖严，若未盖严，应采取有效措施，保证以后盒盖始终处于盖严状态。检查盒内是否有灰尘，是否潮湿。盒内有灰尘时，应当用毛刷清扫。盒内潮湿时，应用电吹风吹干。接线盒损坏或密封效果差时，应当更换接线盒或对接线盒采取防水防尘措施。

检查各正在使用的接线端子是否锈蚀，如有锈蚀，应将电缆线接头换至备用端子，若无备用端子，应当更换接线端子。检查各电缆线接头连接处是否有断线或接触不良现象，如有断线或接触不良，应重新连接。

3. 测速传感器及其连接件系统的检查与处理

因为测速传感器是随着皮带不停运转的，因此出现故障的频率是很高的；松动是最常见的，表现为在积算器中速度信号不稳，这时需检查测速传感器，十有八九是输入轴松动造成的，解决的办法很简单，紧固就行；测速滚筒随皮带跳动，也会引起测速波动，因此要经常观察测速滚筒是否粘料，是否跳动。如果粘料应马上处理。还有一种常见的故障是无速度信号，这时需检查测速传感器是否进水、损坏，因为皮带秤工作环境十分恶劣，如果密封不好，就会造成测速传感器的损坏。由于测速传感器是固定在专用滚筒上的，因此滚筒轴承的维护也非常重要，要经常检查螺丝是否松动，按规定时间更换润滑脂，检查是否有轴向窜动，如果窜动，必须处理好，不然轴承会很快损坏，造成测速不准。

当怀疑测速传感器及其连接件系统有问题时，可检测皮带转整圈或数整圈时电子皮带秤仪表收到的测速传感器发出的脉冲数若干次，看其是否基本一致；或检测电子皮带秤半自动调零的时间若干次，看其是否基本一致。当检测数据相互偏差较大时，应当判断测速传感器及其连接件系统有问题。

当判断测速传感器及其连接件系统有问题时，应打开测速传感器外壳进行检查。测速传感器及其连接件系统一般容易出现的故障是，测速电动机与测速滚轮或滚筒之间的连接轴上紧固测速电动机轴的顶丝松动或测速接近开关的紧固螺母松动。另外还会出现测速电动机断轴或测速接近开头的紧固螺母紧固时力矩过大，造成测速接近开关断裂，测速电动机内部接触不良或测速接近开关内部损坏等故障。

有些电子皮带秤，紧固顶丝或紧固螺母松动的现象时有发生。解决的办法是，在顶丝或螺母的螺纹上涂上少量的密封胶或皮带胶，然后用适当的力矩紧固，待胶凝固后再使用。切忌使用金属黏结剂，否则以后需要拆卸时造成拆卸困难。如果已经使用了金属黏结剂造成拆卸困难，可以采用局部加热的方法进行拆卸。测速电动机断轴或测速接近开关断裂，应当予以更换。如果怀疑测速电动机或测速接近开关内部有问题，可以用一只好的测速电动机或测速接近开关替换进行判断。

4. 称重传感器的检查与处理

称重传感器式皮带秤的承重结构，如果出现故障会造成计量不准。首先可以通过积算器的诊断菜单，判断称重传感器的数字信号是否异常，如有异常则用万用表测量称重传感器输出毫伏值，超出正常范围就说明有故障，需更换。长期过载也可造成称重传感器变形，线性不好，影响计量。检测方法为：将称重传感器从皮带秤上拆下，在不接任何负载的情况下通电测试信号输出，如果为零毫伏则为正常；如果不为零，则说明已变形，不能保证线性输出了，需更换。由于皮带秤运行环境大多恶劣，所以如果测量称重传感器没有返回的信号，现场加载输出也无变化，则说明有可能信号线断裂或称重传感器应变片断裂。

当怀疑称重传感器有问题时，可在静态（皮带输送机空载停止）时，用万用表在电子皮带秤仪表的接线端子上测量称重传感器的输出电压和激励电压（反馈电压）进行判断，如果称重传感器的输出电压不稳或与过去的记录相差较大且传感器的激励电压（反馈电压）正常，就应当在接线盒内接线端子上进行检查测量。如果接线盒内测量结果与仪表端的测量结果基本一致，并且称重传感器的各连接件无异常现象，对于使用一只称重传感器的电子皮带秤，就应当怀疑称重传感器有问题予以更换；对于使用双称重传感器并联组成的电子皮带秤，可以将称重传感器的输出线从接线端子上拆下，分别测量两只称重传感器的输出电压，找出输出电压不正常的一只称重传感器。如果静态时测不出问题（例如称重传感器内部接触不良等），对于使用一只称重传感器的电子皮带秤可以更换称重传感器进行试验；对于使用双称重传感器并联组成的电子皮带秤，可以分别将其中一只称重传感器的输出线从接线盒的接线端子上拆下，只用另一只称重传感器，启动皮带输送机空转测量电子皮带秤的零值稳定性，其中造成电子皮带秤零值稳定性差的一只称重传感器应当予以更换，更换时要注意配对的两只称重传感器的有关技术参数的一致性。如果两只称重传感器都已使用了很长时间或其他原因，可将两只称重传感器全部更换。

5. 电脑积算器故障排除

电子皮带秤的故障一般是通过积算器来发现的，但其本身也有可能出现故障，如乱码、干扰等。积算器作为集成化很高的智能仪表，日常的维修量很少，操作面板可用干净的湿布擦净，仪表内线路板的浮尘可用冷风机吹掉。当定期维修时，检查所有的接线、插件、插头与集成电路的连接是否可靠。通常用目视检查，能查出故障原因，如果不能查出问题，在进行特殊故障排除措施以前，先实施下列步骤：

（1）检查电源。

1）检查熔丝；

2）电源开关是否接通。

（2）检查接头。

1）检查现场接线端子上的接线是否牢靠；

2）检查电源组件电缆和显示板是否牢靠的固定在插头中；

3）检查远程计数继电器是否牢靠地焊接在主板上；

4）检查所有插接式集成电路板是否牢靠地插在插座中。

（3）检查机壳是否可靠接地，远离干扰源。

6. 皮带秤调试时零点误差超差判断处理

皮带秤的零点是否符合检定规程的标准，是皮带秤是否达到设定精度的关键，处理这种故障可从以下几个方面入手。

（1）测试周期测量是否准确；精确测量测试周期；对于一条长的输送机，每一段皮带的厚度可能不同，精确的测量测试周期对于零点的稳定性是重要的。

（2）皮带是否跑偏，皮带跑偏要求小于6%。

（3）输送机是否需要加固；皮带秤横梁、耳轴支撑下要用支撑加固。

（4）输送机是否震动，检查是否靠近震动源、附近是否有震动或产生震动的设备在运行；安装时注意远离振动设备。

（5）皮带秤是否安装在输送机槽钢连接处，联接部分需焊接。

（6）输送机走廊结构是否牢固；是否有基础沉降的可能，如是钢结构，则要考虑钢结构的强度及温度变化的影响。

（7）秤架内部是否存在藏力的现象；耳轴支点、秤架下横拉杆及传感器拉杆是否能够自由活动。

（8）称重传感器平衡度，传感器输出之间差距要求在0.2mV以内。

（9）速度传感器是否存在失速的现象，观察每次调零时间是否相同、仪表显示皮带速度是否稳定。

（10）静态检查称重传感器的性能。

（11）检查仪表性能。

（12）信号电缆是否正常。

7.皮带秤校验量程不合格检查处理

皮带秤不准与零点稳定以及校验量程有关，在排除了零点的问题后，如果秤还不准，就要考虑校验量程的问题。

（1）挂码、链码校验常数是否准确；需要精确测量皮带长度；挂码重量、链码的规格要清楚且不能取下链码上的任何配件；对于杠杆式皮带秤，如用挂码校准，必须计算杠杆比；大多数反映挂码校秤不准的情况都与挂砝码的位置不对和没考虑杠杆比的问题有关。

（2）称重域内是否所有托辊都能够和皮带良好接触并良好运转，这是保证皮带秤重复性的重要一点。

（3）物料校验时保证所有物料都从皮带秤上经过，不存在撒料、藏料的情况。

（4）标准物料的称量是否精确；用汽车衡称物料必须精确到千克。

（5）皮带跑偏是否严重。

（6）速度传感器是否存在失速的现象。

（7）检查称重传感器的线性。

（8）检查仪表的性能。

（9）检查信号电缆。

8. 判断故障范围的替代法

当甲、乙两台同类型同规格的电子皮带秤的仪表安装在一起时，可用替代法判断故障部位。

（1）当怀疑甲电子皮带秤的测速传感器及其连接件系统有故障时，可用以下方法判断：将测速电缆线（或插头）从甲电子皮带秤仪表的接线端子（或插座）上拆下，将乙电子皮带秤的测速电缆线（或插头）接入，启动乙皮带输送机检测零值稳定性，若零值稳定性正常，则故障在甲测速传感器及其连接件系统。将甲电子皮带秤的测速电缆线（或测速插头）接入乙电子皮带秤的仪表，启动甲皮带输送机检测零值稳定性，若零值稳定性异常，则故障在甲测速传感器及其连接件系统。

（2）当怀疑甲电子皮带秤的称重传感器有故障时，可用以下方法判断：将称重电缆线（或插头）从甲电子皮带秤仪表的接线端子（或插座）上拆下，将乙电子皮带秤的称重电缆线（或插头）接入，启动甲、乙皮带输送机检测零值稳定性，若零值稳定性正常，则故障在甲称重传感器。

将甲电子皮带秤的称重电缆线（或插头）接入乙电子皮带秤仪表，启动甲、乙皮带输送机检测零值稳定性，若零值稳定性正常，则故障在甲称重传感器。当有称重传感器模拟器或电子皮带秤仪表有模拟速度信号端子时，也可用类似的替代法判断故障部位。

9. 两个不常见故障的处理

（1）电子皮带秤仪表应有单独良好可靠的接地（接地电阻小于 4Ω），当电子皮带秤计量性能不稳定又查不出原因时，应检查接地是否良好可靠。

（2）电子皮带秤的屏蔽电缆不应有接头，当屏蔽电缆受到意外损坏又不易或不能重新敷设屏蔽电缆需要接头时，接头必须良好可靠，并采取措施保证接头部位不承受拉力。接头的具体方法是，将两侧屏蔽电缆头剥去适当长度的外皮，拆开露出的全部屏蔽层，将各对应芯线的一侧剪去适当长度的线段（目的是使各芯线的接头位置错开），剥去两侧各芯线头部适当长度的外皮并在各对应芯线较长的一侧芯线上分别套上适当长度的内径略大于芯线外径的细塑料管，然后将各芯线分别对应接好（接头接触必须良好可靠），将各细塑料管移到接头部位并用自黏性橡胶带缠绕固定，然后将两侧拆开的屏蔽层重叠，在外面用铜箔（薄铜皮）包裹接头区域，最后在铜箔外面大于铜箔的区域用自黏性橡胶带缠绕一层，再用塑料胶黏带缠绕一层，以保证防水防尘和适当的强度。如果找不到铜箔，可剪一段适当长度的屏蔽电缆，先抽去芯线，再抽出屏蔽层，用该屏蔽层代替铜箔密绕接头区域，或剪一段适当长度的（比接头屏蔽电缆更粗的）屏蔽电缆，取其屏蔽层事先套在需接头屏蔽电缆的一侧电缆上，需包裹铜箔时移到接头区域代替铜箔。

第 4 节
电子皮带秤的精度控制及维护

众所周知，电子皮带秤的实际使用精确度除了和电子皮带秤本身的质量有关外，还取决于皮带秤安装位置的选定以及皮带输送机的状况和安装质量。电子皮带秤质量再好，安装位置选定错误或不恰当，皮带输送机的状况很差或安装质量低劣，这台电子皮带秤的实际使用精度依然会很低。

一 安装条件

1. 环境条件

承载器部分不应该在露天风吹雨淋，不然会造成承载器锈蚀，传感器易损坏，风力载荷会使称重过程产生很大误差。为了消除风力的影响，皮带秤承载器两端至少延伸 3m 的区段应全封闭。承载器周围不应有剧烈的震动，当皮带输送机安装在架空走廊上时，应尽可能将承载器选择在靠走廊的支柱附近，以减少振动。环境温度范围一般为(-10~+40)℃，超出这个范围要采取保温或隔热、冷却等措施。承载器周围粉尘量要小，要尽量避免有腐蚀性气体，以减少承载器上粉尘的堆积和承载器、传感器的腐蚀。

2. 皮带输送机

不适宜安装电子皮带秤的皮带输送机有：长度可变的皮带输送机、倾角可变的皮带输送机、带卸料小车的皮带输送机、带凹型曲线段的皮带输送机、移动式皮带输送机、带钢丝绳芯皮带的皮带输送机等。适宜安装电子皮带秤的皮带输送机有：水平皮带输送机、倾角不变的倾斜皮带输送机、带凸型曲线段的皮带输送机。

（1）长度。皮带输送机过短，承载器受下料及卸料的影响太大，皮带输送机过长，皮带张力值大，所以安装电子皮带秤最佳长度是：平行托辊为7~15m，槽型托辊由于输送机两端滚筒（相当于平行托辊）与槽型托辊之间有几节槽型角过渡托辊，所以最佳长度为12~25m。称量精确度要求高的皮带秤，皮带输送机的长度最好不要超过200m。

（2）倾角。水平皮带输送机所需皮带张力较小，最适于称重。称量精确度要求高的皮带秤，皮带输送机的倾角最好不要超过6°；当倾角超过6°以后，物料垂直提升的高度变化越来越大，皮带的张力也成倍增加，因而对称量精确度的影响也明显加大。

（3）跑偏量。对称量精确度要求高的皮带秤，皮带的跑偏量要严格控制，否则因皮带断面槽型形状变化及负荷偏载将影响称量精确度。皮带的跑偏量应小于皮带宽度值的5%。

（4）机架。用于支撑承载器及承载器前后两组托辊的输送机机架应牢固，且不应该有伸缩缝或纵梁接头，如果有，必须焊牢；支撑承载器的机架要加固。

（5）下料点。在高精确度称量装置里，皮带输送机应该在同一点下料，这样可以保证下料过程中皮带张力稳定。若沿皮带输送机长度方向上有多个下料点，则由于下料条件不同，皮带张力也不同。

3. 皮带

电子皮带秤的负荷测量是通过皮带进行的，所以皮带的物理性能对称量过程的影响是非常明显的。皮带应该薄而柔软，即使在空载时也要保证皮带和所有的称重托辊及邻近托辊接触良好，以便将负荷精确地传递给称重托辊。皮带通常由三部分组成：带芯、覆盖层、黏接层。带芯提供必要的强度并传递能量驱动皮带运行，支承皮带所输送的物料，材质常用的有棉、尼龙、聚酯等各种天然及化学纤维织成的帆布。钢丝绳芯皮带具有拉伸强度大、抗冲击性能好的特点、适用于长距离、高输送量、高速度的物料输送场合，但其柔性差，一般不适合装在需要进行称重的皮带输送机上。

4. 拉紧装置

称量精确度要求高的皮带秤，为了使承载器处皮带张力的变化尽量小，当皮带输送机长度超过 12m 时，应装设拉紧装置。拉紧装置有安装在尾部滚筒的螺旋式、车式及安装在头部滚筒的垂直式。推荐采用头部滚筒垂直式拉紧装置，可使承载器安装位置的张力值最小及张力变化最少，因为皮带秤一般安装在皮带输送机尾部。

5. 托辊

皮带输送机托辊包括各种槽型托辊、缓冲托辊、平行托辊等。在称重区域内，平行托辊最好，其次是三托辊槽型托辊组，槽型角越小，皮带传力精确度越高，对于高精度的电子皮带秤推荐槽型角为 20° 或更小，35° 的槽型角也可以接受，但避免采用 45° 的槽型角。

槽型上托辊的标准槽角为 35°，因而每台输送机中使用最多的是 35° 槽型托辊和 35° 槽型前倾托辊。深槽型角可能加大皮带张力、皮带刚性对测量精确度的影响。

过度托辊，大运量、长距离、输送带张力大，和重要的输送机一般均应设置过渡段。

称重托辊与皮带输送机原有托辊在型式、槽型角、直径与长度方面均应相同。称重托辊应始终保持灵活运转，偏心应小于 0.2mm。

调心托辊用于自动纠正皮带在运转过程中出现的过量跑偏，但由于调心托辊在调整过程中将改变托辊间距和皮带张力，产生侧向力，所以在承载器安装位置前后 10m 范围内不得安装调心托辊。

缓冲托辊有 35° 和 45°，选用帆布输送带时，只能选用 35° 槽型缓冲托辊。使用 45° 槽型缓冲托辊时，可以在导料槽不受物料冲击的区段使用 45° 槽型托辊。

由于皮带输送机托辊占皮带输送机部件数量最大，因此对于皮带输送机托辊来说，维护保养就显得特别重要了。皮带输送机托辊在使用过程中要保证维持在干燥环境中，对于损坏托辊要及时更换。及时清理托辊上附着的物料，保持辊面干净。

二 电子皮带秤日常维护

众所周知，皮带秤之所以自问世以来一直被使用者诟病，不能应用于精确计量，诸如大宗散料贸易精确计量场合。其致命的弱点就是"耐久性能"差，不能长期保持标称精度和检定时准确度指标。失去了长期稳定性，皮带秤就不能作为贸易精确计量用秤。

皮带秤之所以存在耐久性能差的问题，来源于两个方面：一个是内因，皮带秤自身的特性造成；另一个是外因，皮带秤使用的外部环境造成的。

内因在于：皮带秤属自动衡器，秤台与物料之间是皮带。皮带张力、皮带效应（皮带呈槽型截面时在张力作用下的波状效应）对称重产生较大的影响。

外因在于：皮带秤的使用环境多比较恶劣，温度、湿度变化，皮带机振动、托辊沾料、堵转等的影响；皮带机工况（长度、速度、张紧方式、皮带硬度、跑偏等）的差异、皮带秤计量对象（物料、流量）的不同、皮带秤的安装位置和调整差异等都造成每一台皮带秤个性化的特征。

因此，皮带秤的日常维护就显得尤为重要。电子皮带秤的日常维护主要有以下方面：

1. 日常维护（机械部分）

（1）清洁。保持装载岩石、粉末等物料的皮带表面的清洁。

（2）润滑。称重托辊应该每年润滑1~2次，称重托辊润滑以后，可能改变皮重，因此在润滑以后应进行零点校准。

（3）皮带调整。在空载及负载运行的情况下，在整个秤的范围内，皮带必须被调整到与托辊的中心线对齐。

当有偏载时，要对载荷整形。当空载时皮带不跑偏，负载时皮带跑偏的情况下，要求校准校验期间皮带至少在称量段内不跑偏。

（4）皮带拉紧。皮带张力始终保持恒定是很重要的，因此在所有皮带秤系统的输送机上建议使用重锤式张紧装置。没有恒定的拉紧装置，当皮带张力有变化及拉紧装置要调整时需要重新校准。

（5）皮带载荷。物料流量为仪表量程的125%时会引起皮带秤的过载，任何大于额定容量的负载都不能被测量。皮带载荷应进行调整使之保持在仪表量程之内。

（6）皮带粘料。物料可能形成一个薄层粘在皮带上，连续粘在皮带上一周而掉下来。当物料潮湿或者运输细粒物料时，这种情况常常发生，使用皮带清扫器可以改变这种情况。如果不将薄层除去，则必须调整零值，皮带上黏着的物料发生任何变化，都必须对皮带做进一步调整。

（7）导料挡板和外罩。导料挡板不应该安装在 +3 或 −3 称重托辊以内，在计量段内如果需要设置导料挡板或外罩，它们必须不施加任何附加的力在秤上。在空载的情况下，皮带通过导料板进行清理，当输送机运行时，物料要塞满或滑落在板和皮带之间，当这种情况发生时，可能引起较大误差。

2. 日常维护（电器部分）

经常观察设备运行情况，可以及时发现故障隐患，如果确实出现了问题，请按下面的故障检修步骤进行检查。

（1）检查电源。

1）检查熔丝；

2）检查电源开关是否打开并给仪表送电。

（2）检查接线。

1）检查所有端子是否可靠；

2）检查显示板和键盘接口连接是否牢固；

3）检查远程计数器和可选的输入、输出模块是否接插牢固；

4）检查系统中元件间相应的内部接线，全部接线都必须按照现场接线图的规定进行；

5）接点松动，焊接不可靠，有短路和短路现象，以及不按照要求接地的情况发生时，会产生读数错误及称重读数的不稳定；

6）检查所有的屏蔽电缆是否按现场接线图的要求仅在规定的部位进行。

（3）仪表的清洁。仪表只需很少的维护就能正常工作。前面板可以用湿布擦干净，如需要也可使用中性的清洁剂（不能使用碱性的清洁剂）定期检查所有接线，插接件和电路板连接无松动。保证仪表密封良好，防止灰尘进入。

三　电子皮带秤检定项目

根据 JJG 195—2019《连续累计自动衡器（皮带秤）检定规程》，皮带秤的检定项目分为首次检定、后续检定和使用中检查，检定项目见表 2-2，内容根据 JJG 195—2019 中 7.3.1~7.3.4 的要求进行。

表 2-2　　　　　　　　　连续累计自动衡器（皮带秤）检定项目

	检定项目	首次检定	后续检定	使用中检查
外观检查	计量管理及说明性标记	+	+	+
	检定标记	+	+	+
使用条件检查	流量检查	+	+	+
	最小累计载荷 $\sum_{min}$ 检查	+	+	+
	适用性检查	+	–	–
零点	零点累计的最大允许误差	+	+	+
	零载荷的最大偏差试验	+	+	+
	累计零点的鉴别力	+	–	–
物料检定	最大给料流量	+	–	–
	最小给料流量	+	–	–
	中间给料流量	+	–	–
	常用给料流量	–	+	+

注　"+"表示应检项目；"–"表示可不检项目。

后续检定和使用中检查的物料检定，可在实际的使用条件下，只在接近常用给料流量下进行两组检定即可。

第 5 节
电子皮带秤改造实践

一 0.2 级高精度智控矩阵电子皮带秤在火电厂的应用

1. 火电厂燃煤管理现状

煤炭作为火电厂第一消耗型能源，直接决定着电厂的生产运营成本、能耗指标、利润空间与整体经营业绩，从入厂采样、翻卸车、堆煤、取煤、配煤，到入炉计量、给煤机分配计量，整体流程每一环节都需要环环相扣、精准到位、相互依托。近年来各发电集团燃料管控力度与要求更是提升至前所未有的新高度。设备部、发电部、燃料部，直至厂领导，都需要花费大量心血关注并保障相关设备安全、可靠、稳定、精准运行。

燃煤入厂需要精确称重计量及精准热值分析，这是火电厂对外结算的总闸口。精确称重计量设备使用主要包含三个方面：首先是实际运行称重计量精度；其次是允差范围内精度稳定周期；最后是后期维护人力、物力、财力成本控制。这是目前火电厂的关键痛点，也是亟待解决的核心问题，直接影响成本控制与经营业绩考核。其中每家发电厂必用的入炉煤皮带秤计量关乎煤耗及热值的成本核算，其准确性和稳定性是至关重要的。然而传统皮带秤计量偏差大、稳定非常差，给热控部门带来极大的维护量，频繁校验也根本无法解决问题，这已经成为大多数火电厂亟待解决的关键问题。

下文结合某火电厂入炉煤皮带秤改造前后的对比，探讨使用高精度智控矩阵皮带秤实现 0.2 级计量精度的可行方案。

2. 皮带秤改造背景

某火电厂入炉煤输送带 12A/B 号，每条皮带分别安装 1 台四托辊四传感器全悬浮结构皮带秤，作为电厂入炉煤核算依据，配套循环链码校验装置。该皮带秤精度低，稳定性差，每周进行一次循环链码校验也无法保障使用精度。作为核算火电厂燃煤的主要依据，导致燃煤数据产生大的偏差给公司带来大的经济损失，更无法准确核算热值。

若按照普通皮带秤实际使用偏差 5% 计算，按 7000t/ 天煤，600元 /t 煤价格核算，每月将造成 630万元的偏差（7000t/天 × 0.05 × 600元 /t × 30天 =6300000元）。

一直以来，皮带秤的检定依据 JJG 195—2019《连续累计自动衡器（皮带秤）检定规程》，该规程主要针对传统皮带秤，其精度低，稳定性差，根本无法满足现代工业精细化管理要求。上述规程于 2020 年 3 月 31 日废止。

3. 传统皮带秤现状及工况适应性

（1）秤体部分。传统皮带秤传感器受力方式往往为杠杆式，全悬浮式。除了特殊需要外，杠杆式皮带秤的阻力臂一般都长于动力臂，因此称重传感器不能准确测量物料重量导致精度误差。公司基建期采购皮带秤时选择了四托辊四称重传感器的全悬浮式皮带秤，多年使用发现皮带发生跑偏及料流变化，传感器会受到水平侧向力及物料偏载的影响导致四只传感器受力不均，四只传感器本身精度也会产生误差，若叠加托辊窜动 / 轴跳 / 粘料等因素，将加剧此类皮带秤内部干扰，因此称重传感器不可能准确测量动态物料重量，容易导致较大精度误差。

（2）称重传感器部分。现使用皮带秤称重传感器是电阻应变式称重传感器，具有随环境温度变化自身灵敏度发生漂移的现象，所以未经精确温度补偿的电阻应变式称重传感器会随温度变化输出精度发生变化。每当季节变化时候，皮带秤的偏差都会变大很多。

（3）测速方式部分。传统皮带秤的测速方式是用测速轮压在输送机的回程皮带上进行测速，由于上皮带有荷载物料重量，皮带处于张紧状态而回程皮带相对放松，导致上下皮带的速度会发生偏差。安装于下皮带的测速滚筒长时间工作会与粉尘颗粒（煤粉、飞灰等）接触，易于回程皮带发生打滑现象，也会导致速度误差。

（4）信号处理部分。传统皮带秤的信号处理是采用积算式（重量 × 速度），属于单通道，1 组 AD（所有称重传感器并接成一路信号进入仪表）。由于皮带机在输料过程中料流的变化会导致皮带张力发生变化，皮带会发生跑偏现象，托辊也会发生径向跳动、卡死等现象，这统称为皮带效应，这也是导致传统皮带秤稳定性差的很大原因。

传统皮带秤的重量信号采集是 2 只或 4 只传感器，这么短的测量距离不能有效反映皮带的运行状态，无法进行精确计量物料重量，无法进行多组数据比对，无法进行数学模型修正，也就无法自动判断超差。

（5）标定误差。传统皮带秤的标定方式为循环链码标定或实物标定，受制于当时的技术水平，国家电力设计大纲当初作出了这样的推荐并无不当。实物校验肯定是最理想的方式，然而存在三方面的困难，首先是投资大，承载核算、土建、设备加施工费用超过百万元；其次是改造条件受限制，很难提供实物料斗秤的空间；再次就是采用实物校验装置标定实际使用受制于输煤系统和锅炉负荷的状态。

循环链码标定是模拟物料运行，皮带秤在两种（煤、链码）工控下的运行状态进行称量，皮带张力会发生很大变化，物料状态堆密度也不同，所以经循环链码标定的秤使用精度其实很差。原因如下：

1）循环链码作用在皮带上运行时冲击力巨大，振动非常大，影响输送机基础，对秤体干扰极大。

2）皮带表面粘料对循环链码有致命影响，会使链码圈弹跳，跑偏，震动冲击加剧，极大干扰系统。

3）循环链码使用时间长容易磨损影响精度。

4）循环链码校验时易跑偏对皮带造成应力干扰。

5）循环链码体大笨重，安装不便，占用检修走廊空间多。

6）循环链码后期维护量极大，经常需要人去清理链码圈上满的积煤，因校验误差大，加大秤的偏差，需要经常实物检定，费时费力。

7）循环链码在极端情况下会发生码块铰接磨损断裂，造成码块飞出皮带，甚至是被输送到下一级设备，造成重大安全事故。所以循环链码校验时必须要有人在现场，而人还要在循环链码后端位置站立，不可到前端观察。

（6）皮带张力部分。皮带秤的误差来源于力测量系统、信号处理系统及环境影响等几个方面，其中皮带张力是误差的主要来源。它存在于力传递系统，又因环境因素变化而改变。图 2-1 所示为皮带秤原理图。

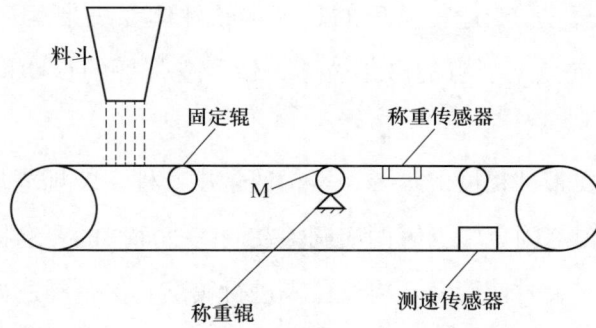

图 2-1　皮带秤原理图

其受力分析如图 2-2 所示。

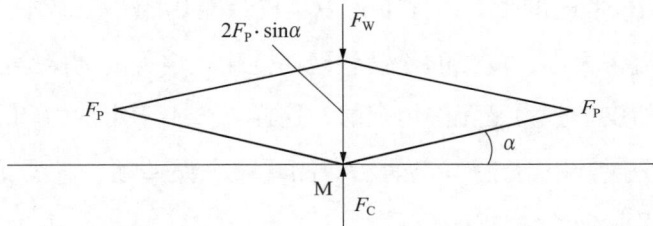

图 2-2　受力分析图

F_P—皮带张力；F_W—需要测量的力（扣除秤架与皮带质量之和后即为输送的物料重量）；F_C—传感器受的力；
α—称重托辊受力下沉后皮带张力 F_P 与水平方向形成的夹角

根据受力分析可得到如下结论

$$F_C=F_W-2F_P\cdot\sin\alpha \tag{2-1}$$

为了检测到物料的真实重量，式（2-1）中 $2F_P\cdot\sin\alpha$ 项为零或一个常量。

式（2-1）中，如令 $\alpha=0$，则 $2F_P\cdot\sin\alpha$ 项就为零。要实现 $\alpha=0$，也就是要求皮带秤做到称重辊与固定辊的上表面在同一平面。

因此提高皮带秤的准确度，就必须在制造、安装等各个环节以及日常维护中加以控制。

首先在制造环节上对托辊的同心度、托辊上表面的高低及表面状况都提出了极高的要求。通常要求制造时托辊的径向跳动不得大于 0.2mm；安装时调整托辊上表面高差不得大于 0.5mm，使用中须经常清扫秤架和检查、更换托辊等。

α 的产生的重要原因是皮带有料后秤架下沉，所以提高秤架的刚度，减少荷重下沉就成为皮带秤提高准确度的主要手段之一。其结果使得皮带秤变得十分笨

81

重（一般都在数百千克）。适得其反的是笨重的秤体在皮带运行过程中难免出现因支承原因造成的支点、力点的微小位移，使得皮带秤的长期稳定性受到较大的影响。

安装也是影响皮带秤精度的重要因素，通常皮带秤安装规范及实际安装工作都将"皮带秤的称重辊与固定辊上表面应调整在同一平面"的要求提到极其重要的高度。国内有企业在安装时使用激光准直仪来进行校准。但是经过如此精心调整获得的准直度，使用时会因秤架荷重变形、焊接应力释放变形等原因而不复存在；更会因托辊沾料、磨损等原因，使得皮带秤称重辊与固定辊无法长期保持在同一平面。也就是说在实际使用中 α 值不可能为零，也不为一常量。

误差项中的 F_P 是皮带张力，皮带张力是皮带输送的一个基本属性。它会随带速变化、物料的流量大小、皮带的松紧软硬而变化；皮带的硬度会随温度、湿度的变化而变化。显然皮带张力是无法恒定的，这样一个不确定的力和一个变化的 α 角构成了皮带秤无法克服、无法恒定的 $2F_P \cdot \sin\alpha$ 这个误差项，它严重地影响着皮带秤的测量准确度及长期稳定性。

多数皮带秤的用户清楚地认识到皮带秤的诸多影响因素，他们无法消除这些，唯一能做到的是通过加强维护、不断地校准来维持皮带秤的准确性。

4. 高精度皮带秤改造实施

依据 GB/T 7721—2017《连续累计自动衡器（皮带秤）》，以及 JJG 195—2019《连续累计自动衡器（皮带秤）》。按 0.2 级皮带秤设计要求进行技术改造，以期实现燃煤计量的精确核算，为电厂提供坚实准确的数据。

本次改造采用徐州依科电气有限公司研发的高精度智控矩阵电子皮带秤，其具有高精度、高稳定性、自校验、免维护、高智能化等特点，使用精度可达到 ±0.2%，性能长期稳定。

（1）系统组成。高精度智控矩阵皮带秤主要由五部分组成：8 组以上 B159 型矩阵式称重单元、测速传感器、数字信号采集器、矩阵秤专用矩阵智能仪表（拥有 8-32 组单独 AD 检测）、温度补偿器。矩阵桥架中的称重传感器检测皮带上物料重量，每组矩阵秤拥有单独的 AD 检测，分别送入数字信号采集器；信号采集器将传感器模拟量转换为数字量送入智能仪表；测速传感器直接测量运料皮带实时速度，消除了过去监测返程皮带速度或主动滚筒速度导致的误差，将实际的真实速度信息送入矩阵智能仪表；温度补偿器提供实时的环境温度信号送入仪表，对整个系统进行温度补偿。仪表把接收到的速度信号及重量信号进行处理，经过专有的矩阵式称重积算智能数据模型处理，得到物料的累计量及瞬时流量。称重传感器本身具有温度补偿和线性补偿的特殊功能，保持矩阵秤使用的稳定性。

（2）性能特点。EACCOR-B159 系列矩阵式皮带秤，中国 0.2 级计量器具批准证书编号 2018FC0011-32，使用中动态累误差小于 ±0.2%，最高精度可达 ±0.1%，校验一次稳定性周期长达 6 个月左右。配置独有的矩阵自动校验系统，对每一路传感器单独 AD 检测，剔除超差数据，使皮带秤保持长期高精度。

1）智能算法。采用智能算法实现自我判断皮带秤精度是否准确，并自我在线实时校验修复皮带秤精度。

2）单元数量多。矩阵式皮带秤是以特制称重单元 8 组以上串联布置组成的皮带秤矩阵，通过对矩阵数据进行处理可以消除皮带张力的影响，大幅提高皮带秤称重精度。

3）单支点平衡型称重平台。全新型平衡称重装置，结构巧妙，称重精度高，稳定性极好，免日常维护。矩阵式称重秤体结构，本身就是利用输送带本身的张力，来取得自然的平衡。使得将以往所有型式皮带秤造成干扰的皮带张力变化消化于无形。物料的重量准确而完整的传递到称重平台，精确的反应物料重量的瞬时变化。这种结构可以防震、防潮、防腐及防止物料堆积，轻量型秤体易于安装，并且可以将称量物料的精度范围大大提高，满足不同物料工况中，不同密度物料堆取时，在流量较大变化时获得稳定精度。可以满足 2%~100% 流量条件下精确计量。

4）应力平衡型称重传感器。单点悬浮称重平台专用高精度传感器，结构独特且具有称重精度高、抗水平力干扰能力强等特点，精确的温度补偿，满足 OIML 称重传感器 C6 等级，远优于其他皮带秤所用 C3 等级传感器。

5）测速传感器。智控矩阵秤采用独特制作的高精度专用测速装置，上置式安装，与输送物料的皮带下表面接触，确保测得速度与运载称重域的称重无缝匹配，并且消除了皮带的任何打滑机会。

速度传感器为数字脉冲发生器，它发出一系列脉冲，每个脉冲代表皮带行程的一个单位，脉冲频率和皮带速度成正比。IP68 等级，防尘防水防油耐高温，适应现场经常冲水的工况环境。

6）实时自动互校高精度稳定系统。无论矩阵秤处于空载或者带料状态，只要智能矩阵仪表判断系统超差，即可自动进行实时自动互校，仪表内部智能数据模型将间隔提起矩阵秤单元电动砝码装置，比对额定砝码的瞬时量与累积量进行自动修正，使矩阵秤系统始终保持在高精度状态稳定运行，真正达到矩阵秤免维护、免人工干涉的全自动自检高精度运行状态。

5. 改造前后使用数据对比

某火电厂 12A/B 号皮带秤出厂等级为 0.5 级，皮带输送机主要技术参数如表2-3 所示。

表 2-3　　　　　　　　　　皮带输送机主要技术参数

额定出力（t/h）	带宽（mm）	带速（m/s）	倾斜角度（°）	周期时间（s）
1200	1000	2.5	18	67

（1）改造前情况。改造前，12A/B 号两台皮带秤实物检定结果如表 2-4 所示，实煤的称量采用汽车衡器。

表 2-4　　　　　　　　　　改造前实物检定结果

输送机编号	实煤（t）	皮带秤（t）	误差（%）	日期
12A	41.620	41.116	−1.21	2019-03-12
12A	43.780	44.591	1.85	2019-03-12
12A	40.720	39.984	−1.80	2019-03-12
12B	42.760	43.65	2.08	2019-03-14
12B	44.880	44.896	0.04	2019-03-14
12B	41.140	40.755	−0.94	2019-03-14

从表 2-4 数据可以发现，传统皮带秤的短期重复性和稳定性较差，中长期稳定性更是难以令人满意。

改造前采用循环链码进行模拟载荷试验的数据如表 2-5 所示。

表 2-5　　　　　　　　　　循环链码校验结果

输送机编号	循环链码（t）	皮带秤（t）	误差（%）
12A	25.669	25.649	−0.08
12A	25.669	25.634	−0.14
12A	25.669	25.606	−0.25
12B	26.529	26.578	−0.18
12B	26.492	26.578	−0.32
12B	26.505	26.578	−0.27

从表 2-5 可知，采用循环链码进行的模拟载荷试验结果不满足 0.5 级指标要求，只能满足 2 级称要求。

（2）改造后情况。改造后，12A/B 号两台智控矩阵式带秤实物检定结果如表 2-6 所示。

表 2-6　　　　　　　　　　改造后实物检定结果

输送机编号	实煤（t）	矩阵秤（t）	误差（%）	日期
12A	45.11	45.184	0.16	2019-11-20
12A	42.62	42.685	0.15	2019-11-20
12A	44.76	44.812	0.12	2019-11-20
12B	40.28	40.324	0.11	2019-11-21
12B	41.96	41.998	0.09	2019-11-21
12B	36.72	36.748	0.13	2019-11-21

从表 2-6 可知，采用智控矩阵式带秤进行实物检定结果满足 0.2 级指标要求。

与此同时，采用间隔 1 个月的方式对 12A/B 号两台智控矩阵式带秤进行为期 3 个月的稳定性考核，稳定性结果如表 2-7 所示。

表 2-7 稳定性数据

输送机编号	实煤（t）	矩阵秤（t）	误差（%）	稳定性（%）	日期
12A	45.11	45.184	0.16	—	2019-11-20
12A	55.64	55.792	0.27	0.11	2019-12-21
12A	49.33	49.445	0.23	−0.04	2020-01-22
12B	40.28	40.324	0.11	—	2019-11-20
12B	44.72	44.805	0.19	0.08	2019-12-21
12B	50.63	50.774	0.28	0.09	2020-01-22

改造后采用挂码进行模拟载荷试验的数据如表 2-8 所示。

表 2-8 挂码校验结果

输送机编号	理论值（kg）	皮带秤（kg）	误差（%）
12A	14943	14935	−0.05
12A	14943	14931	−0.08
12A	14943	14933	−0.07
12B	14984	14886	−0.05
12B	14984	14882	−0.06
12B	14984	14895	−0.00

从表 2-8 可知，改造后采用挂码比原先的循环链码校验精度提高不少。

6. 结论

改造实践证实了高精度智控矩阵电子皮带秤可以在现有工况环境下满足 0.2 级高精度皮带秤的使用要求，并长期保持稳定。自校验技术算法独特，智能化程度极高，可以在输送机正常输煤运行的状态下实现自动标定并修正精度。这彻底改变了维护传统皮带秤的方式，做到了免维护。高精度智控矩阵皮带秤技术的广泛应用使得发电行业，乃至钢铁、水泥、煤矿等行业输送机的计量难题得到根本改善。

图 2-3 吊装式皮带秤主体

二 某电厂入炉煤皮带秤技术改造

1.改造前皮带秤计量状况

某电厂入炉煤皮带秤存在测量准确度低、稳定性差等传统皮带秤存在的普遍问题。入炉煤量计量不够准确，造成供电标准煤耗数据跳变，运行和生产管理人员无法准确掌握机组经济性，无法为燃烧调整和配煤掺烧提供可靠依据。给机组安全、经济运行埋下很大隐患。因此，电厂对入炉煤皮带秤实施技术改造，彻底解决入炉煤计量不准确的问题。

该电厂入炉煤皮带秤为吊装式皮带秤（见图 2-3）。两个横梁上吊装 4 只电阻应变式称重传感器，靠 2 组拉杆来保持位置，测速传感器测速轮压在输送机回程皮带上进行测速，用循环链码校验方式进行定期校验。自投入使用以来，热控计量技术人员定期对其进行校验，但计量准确度低，且长期稳定性差，远远达不到设计0.5 级准确度要求。改造前皮带秤存在以下问题：

（1）秤体抗偏载能力差。皮带秤秤体为吊装结构，即两个横梁上吊装 4 只称重传感器对称重桥架提供支承，靠 2 组拉杆来保持位置，抗偏载能力差。秤架采用 4组 8 托辊结构，皮带发生跑偏及料流发生变化时，4 只传感器受力不均，称重传感器输出信号偏差大。秤体自重大，低流量计量准确度低。

（2）称重传感器灵敏度漂移。使用皮带秤称重传感器是电阻应变式称重传感器，其工作原理是基于金属导体的应变电阻效应。传感器灵敏度会随环境温度变化而发生漂移。且抗侧应力性能差，无法克服皮带跑偏等干扰。

（3）皮带速度测量偏差大。皮带秤的测速方式是用测速轮压在输送机的回程皮带上进行测速。上皮带有荷载而处于张紧状态，回程皮带则相对松弛，且测速装置容易打滑，造成皮带速度测量偏差。

（4）单通道积算仪误差大、功能单一。皮带秤积算仪信号处理采用积算式。由 4 只传感器完成重量信号的采集，但由于每次只采集 1 只传感器输入信号，无法对每只传感器的负重偏差进行比对和修正，也无法进行多组数据比对和数学模型修正。出现异常及故障也不能自行诊断及做出相应处理。

（5）低流量工况计量准确度低。皮带秤仅能在 20%~100% 流量工况下计量。低于 20% 流量没有精度要求，不满足低流量、断续料流或应急超设计流量工况的计量。

2. 改造方案

经过市场调研与分析论证，借鉴国内多家电厂皮带秤改造经验，该电厂采用徐州依科电气有限公司自主研发的 0.2 级高精度全智能皮带秤对入炉煤量计量系统进行改造。该皮带秤主要有以下几方面的优点：

（1）矩阵式皮带秤。多组称重单元串联布置组成皮带秤矩阵，消除皮带张力的影响，提高皮带秤称重精度。

（2）配置矩阵自动校验系统。对每一路传感器输入信号单独进行 AD 转换，在算法中剔除超差数据，提高皮带秤的计量准确性和长期运行的稳定性。

（3）采用应力平衡型称重传感器，单点悬浮式称重平台。称重精度高、抗水平力干扰能力强。

（4）配置实时自动互校高精度稳定系统。自动间隔提起电动砝码装置，比对额定砝码的瞬时量与累积量进行自动修正，保持在高精度下稳定运行。

（5）增加温度补偿器。给积算仪提供实时环境温度信号，进行温度补偿。

（6）采用上置式安装测速传感器。与输送物料的皮带下表面接触，确保准确测量运载称重区速度。

（7）自动链码与自动挂码两种校验方式进行校验比对。解决皮带秤标定及稳定性监控的难题。

高精度改造在保留现有皮带输送机及其配套设备的情况下，将皮带秤更换为矩阵式皮带秤，秤体由吊装结构改为单支点平衡型称重平台，采用上置式安装测速传感器，直接测量称量段皮带速度，增加温度补偿对环境温度进行补偿，单通道积算仪更换为矩阵智能积算仪。

更换老化、锈蚀的零部件和信号传输电缆，更换或修复磨损严重、失圆、转动不灵活的托辊，并对托辊轴承进行润滑维护。调整皮带秤承载器上的称重托辊与输送机托辊，使接触面保持在同一水平面，保证每个托辊与输煤皮带紧密接触。对皮带输送机架地脚螺栓、横梁连接螺栓等进行紧固，对振动大的部分进行局部加固处理，以减小输送机架振动。通过对传输皮带的张力测试，找到皮带张力最小同时皮带张力变化最小的位置安装皮带秤。优化校验方法，在定期进行链码校验的基础上增加挂码校验进行比对验证。严格按照安装要求进行安装并进行反复调试、优化，调整张紧装置，保证输煤皮带有足够的张力。

3.结果验证

入炉煤皮带秤改造、调试完成后即投入使用，并进行运行状态跟踪，先后进行了三次比对试验。每次试验先用循环链码试验方式，再用挂码试验方式进行比对验证，只对比偏差，不进行修正。三次试验之间再进行比对，数据如表2-9、表2-10所示。

表2-9　　　　　　　　　　循环链码试验

日期	模拟载荷（t）	皮带秤示值（t）	相对误差（%）	标准器具
2020-06-24	21.7468	21.7417	-0.02	循环链码
	21.7468	21.7511	0.02	
	21.7468	21.7455	-0.01	
2020-09-23	21.7468	21.7450	-0.01	
	21.7468	21.7498	0.01	
	21.7468	21.7514	0.02	
2020-12-24	21.7468	21.7422	-0.02	
	21.7468	21.7413	-0.03	
	21.7468	21.7449	-0.01	

表 2-10   挂码试验

日期	模拟载荷（t）	皮带秤示值（t）	相对误差（%）	标准器具
2020-06-24	18.1223	18.1239	0.01	
	18.1223	18.1237	0.01	
	18.1223	18.1238	0.01	
2020-09-23	18.1223	18.1213	−0.01	
	18.1223	18.1216	0.00	挂码
	18.1223	18.1218	0.00	
2020-12-24	18.1223	18.1220	0.00	
	18.1223	18.1241	0.01	
	18.1223	18.1229	0.00	

从表 2-9、表 2-10 数据可知，改造完成投入运行后进行的首次试验，循环链码与挂码的相对误差基本一致，均满足 0.2 级皮带秤允差要求，验证了皮带秤的测量准确性。间隔 3 个月又进行两次试验，两种试验方式允差均满足要求，验证了皮带秤的中长期稳定性。

4. 结语

该电厂入炉煤计量系统改造升级后运行良好，使用中允差优于 ±0.2%，提高了入炉煤量计量的准确性和稳定性。最大限度降低"皮带效应"对皮带秤计量准确性和长期稳定性的影响，减小了运行维护人员的工作量，同时达到入炉煤精确计量的目的，为准确计算发电煤耗、节能减排，提升企业的核心竞争力作出重要贡献。

第 6 节
习题及参考答案

1. 填空题

（1）皮带秤称重系统由<u>称重框架</u>、<u>称重传感器</u>、<u>测速传感器</u>、<u>称重指示控制器</u>四大部分组成。

（2）在输送过程中，物料在皮带上无<u>粘留</u>、<u>阻塞</u>、<u>溢漏</u>。

（3）皮带每单位长度的质量应基本恒定，对于Ⅰ、Ⅱ级秤，其变化量应<u>小于皮</u>带单位长度平均质量的<u>5/100</u>。

（4）输送机的振动应尽量小，其纵梁结构稳固，有足够的<u>刚性</u>，在最大负荷下的相对扰度不大于<u>0.012%</u>。

（5）在皮带秤称重装置的明显处应留有粘贴<u>检定合格标记</u>的位置。

（6）称重传感器的综合允许误差应不大于所配皮带秤最大允许误差的<u>20%</u>。

（7）称重指示控制器的累计指示器的示值范围应大于皮带秤最大流量下<u>24h</u>的累计量。

（8）称重框架结构应<u>坚固</u>，<u>刚性强</u>，在最大流量下，框架挠度小于<u>0.5mm</u>。

（9）称重托辊应<u>相互平行</u>，其不平行度不大于<u>0.5mm</u>，诸托辊与皮带接触线的共面性应不大于<u>0.5mm</u>。

（10）测速误差包括<u>测速点误差</u>、<u>测轮不垂直误差</u>、<u>测轮偏心度误差</u>、<u>皮带挠曲影响</u>、<u>测轮黏接误差</u>。

（11）根据 GB/T 7724—2023《电子称重仪表》，Ⅰ类设备称重仪表在直流500V 条件下绝缘电阻不低于<u>5MΩ</u>，Ⅱ类设备称重仪表在直流 500V 条件下绝缘电阻不低于<u>10MΩ</u>。

（12）根据 GB/T 7551—2008《称重传感器》，<u>电源端子－外壳</u>、<u>电源端子－输</u>

出端子、输出端子－外壳间的绝缘电阻应不小于 2000MΩ。

（13）绝缘电阻应在温度（15~35）℃和相对湿度不大于75%的环境条件下，采用额定直流电压为50V或100V的高阻测量仪进行测试。

（14）皮带秤的检定周期为一年。

（15）称重力误差包括皮带机误差、挤压阻力误差、物料离心力误差、放大率偏差误差、传感器力－电转换误差。

（16）根据 GB/T 7724—2023《电子称重仪表》显示控制器技术条件，称重显示控制器各端子绝缘强度不小于下述值：输入端子对表壳交流500V，输入端子对电源端子交流1500V，电源端子对表壳交流1500V。

（17）电子皮带秤实物检测装置由称量斗、电阻应变式称重传感器、称重显示仪表、标准砝码，及其控制执行机构和给料、卸料器等组成。

（18）电子皮带秤实物检测装置的称量斗的承重梁在承受最大安全负荷时不得发生永久性变形。

（19）实物检测装置进行零点稳定性检定时，应连续开关称量斗门三次，零点示值变化应不大于 0.5e。实物检测装置的回零变差应不大于 ±0.5e。

（20）经检定合格的实物检测装置发给检定证书，检定不合格的装置发给检定结果通知书，检定结果中的数据应修约到 0.1e。

（21）电子皮带秤是以皮带荷重（kg/m）乘以皮带的荷重速度（m/s）得到瞬时流量来计算输送物料的重量的。

（22）电子皮带秤应该配置在距离装料点较远的位置上，皮带输送机的倾角不能超16°。

（23）皮带秤迁移时，必须松开连接杆上的紧固螺钉，防止称重传感器损坏。

（24）皮带秤短时内可以承受皮带荷重高达额定量程的150%的过载，瞬时大于额定容量300%的过载会造成皮带秤永久损坏。

（25）当皮带张力有变化及拉紧装置要调整时皮带秤需要重新校零点。

（26）电子皮带安装在输送机的张力和张力变化最小的地方。

（27）由于称重的误差大小很大程度取决于风速，所以应保护皮带秤和输送机免受风和气候影响。

（28）称重托辊应安装在距离装料点不小于 <u>9m</u> 处，但距尾部导料拦板不得少于 <u>5 个托辊</u>间距。

（29）最大荷重是指皮带秤上允许进行称量的<u>最大瞬时静荷重</u>（单位：kg/m）。

（30）间隔是对显示量的<u>校准系数</u>。

（31）速度系数是对测速传感器输出速度的一种校正，默认值为 <u>2.00</u>。恒速系数是皮带机实际运行的<u>线速度</u>，默认值为 2.00m/s。

（32）承载器是由秤架称重桥架和<u>称重传感器</u>组成。

（33）标准砝码是用来做皮带机的<u>模拟负荷</u>，来检验电子皮带秤的<u>长期稳定性</u>。

（34）电子皮带秤可以在 <u>20%~100%</u> 的范围内准确的工作，但荷重均匀可提高精度。为了减少给料的波动，可在料仓的出口处装一个<u>高度调整插板</u>。

（35）电子皮带秤受<u>皮带的张力</u>、<u>震动</u>、<u>惯性</u>、<u>张紧轮不同轴</u>等因素的影响。

（36）<u>称重域</u>同秤重辊组一起需经精确的校准，称重域是<u>称重系统</u>的一部分，它对皮带秤的运行精度起着很重要的作用。

（37）电子秤的标定方式有 3 种，分别是<u>砝码校秤</u>、<u>链码校秤</u>、<u>实物校秤</u>。

（38）托辊个数是秤架上的<u>称重托辊的数量</u>。

（39）皮带秤是安装在皮带输送机的适当位置上，对<u>散装物料</u>自动进行<u>快速</u>、<u>连续</u>、<u>累计</u>称量的计量器具。

（40）在输送物料的过程中，皮带的跑偏量应不大于宽度的 <u>6%</u>。

（41）皮带输送机的接头不应超过<u>三个</u>，各连接段皮带的型号规格应<u>一致</u>，不能用<u>金属卡子</u>连接，<u>应黏接</u>，接缝与皮带侧边夹角不大于 <u>45°</u>。

（42）皮带输送机应配置有效的<u>皮带张紧装置</u>，以保持<u>皮带张力</u>变化量尽量小。

（43）皮带秤称重系统的制造、安装，应符合 GB/T 7721—2017《<u>连续累计自动衡器（皮带秤）</u>》的要求。

（44）在皮带秤的明显处应留有粘贴<u>检定合格</u>标记的位置。

（45）称重传感器及其附件应<u>连接牢固</u>，表面无影响<u>技术性能</u>的缺陷。

（46）在最大流量下，称重传感器弹性体施力点的位移应不大于 <u>0.2mm</u>。

（47）物料流量高于或低于有效称量范围时，称重指示控制器应<u>给出指示</u>。

（48）称重框架前后相邻的固定托辊和称重托辊的径向跳动应小于 0.2mm，轴向窜动小于 0.5mm。

（49）称重框架与固定框架采用簧片作支点轴时，各组簧片的交叉线应在同一轴线上，几何位置误差不大于 0.3mm，所有簧片应平直无扭曲。

（50）称重框架上装有模拟重量块的皮带秤，重量块加荷位置的重复性应保证其产生的累计误差不大于皮带秤相应秤量最大允许误差的 1/3。

（51）在称重结果不受输送机尾轮结构影响的前提下，称重框架应安装在靠近尾轮的直线段上，与料仓落料点的距离不小于皮带在额定速度下一秒钟移动距离的 2~5 倍。

（52）当皮带输送机有凸向弯曲时，秤尾距离弯曲线的切点应大于 6m 或 5 个托辊间距。

（53）当皮带输送机有凹向弯曲时，秤尾距离弯曲线的切点应大于 12m。

（54）测速传感器测轮的轴线应与皮带运行方向垂直叠。测轮与皮带之间应保持滚动接触、无滑动、无脱落，测轮应保持清洁无黏结物。

（55）在 1/2 最大负荷作用下，称重托辊与秤架前后相邻托辊应在同一平面内，共面误差不大于 0.5mm，在运行中称重托辊与皮带应始终保持接触，皮带不许悬离托辊。

（56）秤区的安装环境的温度范围为（-10~40）℃，且每小时温度变化量不超过 5℃。

（57）秤区的安装环境相对湿度范围为 40%~90%。

（58）电子皮带秤电源电压的波动范围为 -15%~10%，电源频率变化范围为 ±2%。

（59）皮带秤的有效称量范围为该秤最大流量 Q_{max} 的 20%~100%。

（60）被检皮带秤的检验指示器是数字指示器时，最大允许误差应再加上该指示器的一个分度值。

（61）电子皮带秤在进行零点检定时，零点自动调整（跟踪）装置必须脱开。

（62）检定前仪表和输送机应同时启动运转 30min。

（63）挂码的质量允许误差，不大于被检皮带秤最大允许误差的 1/5。

（64）链码、小车码每单位长度质量（kg/m）的允许误差，不大于皮带秤相应的量程点最大允许误差的 1/5。

（65）实物检定用的标准物料量应不小于最小累计载荷。在按入炉煤量正平衡计算发供电煤耗的方法中，规定用实煤校验时的煤量不小于输煤皮带运行时最大小时累计量的 2%。

（66）实物检测按整圈数进行，物料若不够，皮带可以放空，以减少皮带质量不均对于检测结果的影响。

（67）经过检定合格的皮带秤，加盖检定合格印，并发给检定证书，检定不合格的秤，只发给检定结果通知书。

（68）称重传感器和秤架的连接方式有弧面连接、球面连接、簧片弹性连接、钢丝绳连接、加支撑组成的万向连接、关节轴承组成的万向连接等六种。

（69）A/D 转换电路一般有逐次逼近式、双积分式、三斜式三种。

（70）秤架安装在有凸弯曲段的皮带机上时，秤架应装在直接段上，而且秤架前部离曲线段的切点应大于 6m 或 5 个托辊间隔的距离。

（71）秤架安装在有凹弯曲段的皮带机上时，秤架应装在直接段上，而且秤架前部离曲线段的切点间的距离至少为 12m，或者保持 5 组以上的托辊始终接触皮带。

（72）两支以上传感器同时进行称重的连接方式有串联连接、并联连接、串并联连接三种。

（73）皮带秤的称重误差由称重力误差、皮带速度误差、信号处理误差、标准误差、环境影响误差等五项误差合成。

（74）电子皮带秤实物检测装置的称量斗和指示仪表应安装在室内，使用和检定时应避免风力影响。

（75）实物检测装置的回零变差应不大于 $\pm 0.5e$。

（76）实物检测装置进行超载试验时应加上 1.25 倍最大称量的负荷，静压 30min，零部件应无损伤。

（77）输送机皮带不得有硬物卡死的现象，减速机油位应正常，轴承润滑正常。

（78）皮带上的物料应给料均匀连续，尽量避免运行中出现断料的现象，保障计量准确可靠性。

（79）皮带正常运行中，出现<u>跑偏</u>现象或<u>皮带张紧度</u>影响计量数据时应及时<u>停止电源</u>并进行调整。

（80）皮带秤应安装在输送机<u>张力</u>和<u>张力变化</u>最小的地方，最好装在输送机靠<u>尾部</u>的地方。

（81）皮带秤投入使用，由于运输皮带是<u>长期连续</u>运行，极易造成皮带的<u>张力</u>（松紧）大小不一及<u>输送带跑偏</u>。<u>一旦</u>出现上述情况，皮带秤的<u>零点</u>将有较大偏差，使皮带秤形成较大的<u>系统误差</u>。

（82）我国《计量法》规定，"计量检定必须执行<u>计量检定规程</u>"，凡没有检定规程的，则不能依法进行"<u>检定</u>"，不能颁发<u>检定</u>证书。若为确定计量器具的示值误差或确定有关其他计量特性，以实现溯源性，可以依据<u>计量校准规范</u>进行校准，出具<u>校准报告</u>。

（83）皮带秤一般安装在运行的输送带中，<u>输送带越长</u>皮带秤的性能越好，皮带秤秤体尽量安装在输送带的<u>中间部位</u>，以减少输送带<u>动力</u>的影响。皮带秤要尽量安装在平直的输送带上，坡度要小于<u>20°</u>，因角度越<u>大</u>，其计量准确度<u>越低</u>。

（84）皮带输送机调整妥当，要保证皮带不能<u>过于松弛</u>，不能出现<u>左右跑偏</u>现象。

（85）电子皮带秤仪表的<u>安装</u>也非常重要，仪表要尽量<u>远离强电磁场</u>的干扰，尽量靠近<u>皮带秤体</u>。

（86）由于多种因素的影响，<u>皮带秤零点易发生变化</u>，<u>皮带秤仪表零点</u>要定期进行查看，发现有<u>零点误差</u>及时进行纠正。

（87）累计值标定法用符合要求的<u>静态电子秤计量</u>的物料重量值为标准值，使物料通过皮带秤，对皮带秤显示的<u>累计值</u>进行标定。

（88）电子皮带秤的实际使用精确度除了与<u>电子皮带秤本身</u>的质量有关外，还取决于<u>皮带秤安装位置</u>的选定、<u>皮带输送机的状况</u>和安装质量。

（89）电子皮带秤应当选择在能够做到<u>防风</u>、<u>防雨</u>、<u>防腐蚀</u>以及<u>受振动比较小</u>的位置进行安装使用。

（90）电子皮带秤具有<u>结构简单</u>、<u>称量准确</u>、<u>使用稳定</u>、<u>操作方便</u>、<u>维护量少</u>

等优点。

（91）在皮带给料机的工作环境中，存在大量的电磁信号，如电网的波动、强电设备的启停及高压设备和开关的电磁辐射等，当它们在系统中产生电磁感应和干扰冲击时，往往就会扰乱系统的正常运行，轻者造成系统的不稳定，降低了系统的精度。

（92）称重误差是皮带秤的主要误差源。

（93）皮带秤是安装在皮带输送机的适当位置上，对散装物料自动进行连续称量的计量器具，皮带秤上应使用质量单位。

（94）皮带秤由承载器、称重传感器、速度传感器、累计指示装置、控制系统等组成。皮带秤的准确度等级分为四个级别，0.2 级、0.5 级、1 级、2 级。

（95）承载器由秤架、称重桥架和称重传感器组成。

（96）称重托辊是指安装在秤架上的托辊，有效称量段是指从秤架最两边称重托辊到最近的称重区域托辊中心点的距离。

（97）皮带秤最大流量是指皮带秤在最大荷重和皮带最高速度下所得出的流量。最大荷重是指皮带秤上允许称量的最大瞬时静荷重。

2. 选择题

（1）皮带秤累计指示器的单位为（A、B）。

A.kg   B.t   C.t/h   D.kg/m

（2）为限制皮带跑偏，应在称重段各（C）固定托辊以外安装皮带跑偏限位器。

A. 七组   B. 三组   C. 五组   D. 十组

（3）零点鉴别力试验应作（C）次。

A.5   B.10   C.3   D.2

（4）做零值稳定性试验时以零点指示器的（B）作为皮带秤的零值稳定性。

A. 任一值与平均值的最大差值   B. 最大示值与最小示值之差

C. 最大示值   D. 绝对值最大的示值

（5）皮带秤的重复性试验应进行（C）次。

A.2   B.10   C.5   D.3

（6）根据 GB/T 7721—2017《连续累计自动衡器（皮带秤）》累计显示器和打印装置的分度值不应是（C）（k 为正整数、负整数或 0）。

A.1×10^k 　　　 B.2×10^k 　　　 C.3×10^k 　　　 D.5×10^k

（7）检测电子皮带秤最准确的方法是（C）。

A. 链码检测 　　 B. 挂码检测 　　 C. 实物检测 　　 D. 小车码检测

（8）实物检测应在（C）的量程点上进行。

A.50% 和 100% 最大流量 　　　　 B.20%、50%、100% 最大流量

C.40% 和 80% 最大流量 　　　　 D.90% 最大流量

（9）实物检测装置的鉴别力的要求是（D）。

A．当称量改变 1 倍检定分度值 e 时，原来的示值应有一个 e 以上的变化

B．当称量改变 1.4 倍检定分度值 e 时，示值应为一个 e

C．当称量改变 1.4 倍检定分度值 e 时，原来的示值应有 1.4 倍个 e 的变化

D．当称量改变 1.4 倍检定分度值 e 时，原来的示值应有 1 个 e 以上的变化

（10）实物检测装置在正式检验之前应通电预热（D）。

A.10min 　　　 B.60min 　　　 C.20min 　　　 D.30min

（11）实物检测装置的绝缘电阻检验时绝缘电阻应（B）。

A. $\geqslant 100M\Omega$ 　　 B. $\geqslant 20M\Omega$ 　　 C. $\geqslant 500M\Omega$ 　　 D. $\geqslant 10M\Omega$

（12）皮带秤流量指示器的单位为（A、B）。

A.kg/s 　　　 B.t/h 　　　 C.kg/m 　　　 D.t/m

（13）皮带秤的最小累计负荷（T_{max}）就是在有效称量范围内（C）。

A. 每小时累计的最小负荷 　　　 B. 最小流量时累计的负荷

C. 保证计量误差不超过最大允许误差所必需的最小物料量

（14）应以（C）为皮带秤重复性。

A. 最大示值与最小示值之差 　　　 B. 示值的平均值

C. 极差与平均值之比 　　　 D. 最大绝对值与平均值之比

（15）实物检测时在每个量程点应进行（B）次测量。

A.1 　　　 B.3 　　　 C.5 　　　 D.6

（16）皮带秤的重复性试验应进行（C）次。

A.2   B.10   C.5   D.3

（17）0.2 级皮带秤使用中检验自动称量的最大允许误差为（B）。

A.±0.05%   B.±0.10%   C.±0.20%   D.±0.50%

（18）0.5 级皮带秤最小累计载荷的累计分度数为（B）。

A.400   B.800   C.1000   D.1200

（19）做零值稳定性试验时皮带应在（D）左右时间内，皮带空荷运转整数圈。

A.5min   B.10min   C.4min   D.3min

（20）做皮带秤线性度试验时应依次吊挂（A）重量的砝码。

A.0M、0.25M、0.5M、0.75M、M

B.0M、0.33M、0.67M、M

C.0M、0.2M、0.4M、0.6M、0.8M、M

D.0.5M、M

（21）有效称量范围内的鉴别力试验时，加上相应的砝码后累计指示器的示值改变量至少应等于（A）。

A.计算值的一半   B.计算值   C.60%Q_{max} D.0.0018%C_{max}

（22）0.5 级皮带秤负荷与累计示值之间关系曲线的线性度，应符合（D）要求。

A.≤ ±0.125%   B.≤ ±0.05%   C.≤ ±0.5%   D.≤ ±0.25%

（23）应在秤架负荷为（C）左右的条件下进行有效称量范围内的鉴别力的试验。

A.50%Q_{max} B.60%T_{min} C.60%Q_{max} D.80%Q_{max}

（24）零点鉴别力试验应作（C）次。

A.5   B.10   C.3   D.2

（25）作零点鉴别力试验时，施加小砝码后，零点指示器的累计示值应（C）改变。

A.有一个分度的   B.不

C.有明显的   D.有 50% 计算值的

（26）在进行实物检测时，应按皮带整数圈进行，物料不够时皮带可放空，其目的是（B）。

A. 减小皮带运行速度不同对检测结果的影响

B. 减少皮带质量不均匀对检测结果的影响

C. 防止在试验过程中又有剩余物料出现

D. 为了使试验时间达到 3min

（27）皮带秤累计指示器的单位为（A）。

A.kg、t   B.t/h、m   C.kg/m、k   D.kg、k

（28）皮带秤在无载荷和有载荷的零点示值之间都应有一个明显的差值，对于0.2 级皮带秤应为（A）。

A.0.02%   B.0.05%   C.0.1%   D.0.2%

（29）对于 0.5 级皮带秤，累计显示器的示值与初始显示值的偏差应不超过最大流量下累计载荷的（B）。

A.0.07%   B.0.18%   C.0.35%   D.0.7%

（30）对于 1 级皮带秤的鉴别力载荷应等于最大称量的（C）。

A.0.02%   B.0.05%   C.0.1%   D.0.2%

（31）用于确定控制衡器舍入误差的砝码精度应不超过被检皮带秤对于此载荷最大允许误差的（B）。

A.1/2   B.1/3   C.1/4   D.1/5

（32）在皮带秤承载器的端部称重托辊轴与最接近的输送托辊轴间的 1/2 距离处的两条假想线之间的距离指的是（A）。

A. 称量长度   B. 称体长度   C. 工作长度   D. 运行长度

（33）皮带秤的检定周期一般不超过（C）年。

A.3 个月   B.6 个月   C.1 年   D.2 年

（34）实物检测应在（C）的量程点上进行。

A.50% 和 100% 最大流量   B.20%、50%、100% 最大流量

C.40% 和 80% 最大流量   B.90% 最大流量

（35）皮带秤的优点（ABCD）。

A. 动态测量精度高

B. 性能稳定、工作可靠

C. 零点漂移小

D. 可以在高粉尘环境下运行

3. 问答题与计算题

（1）称重传感器应符合什么要求？

答：称重传感器应符合 JJG 669—2003《称重传感器检定规程》的要求。称重传感器及其附件应连接牢固，表面无影响技术性能的缺陷。称重传感器的综合允许误差应不大于所配皮带秤最大允许误差的 20%，在最大流量下，称重传感器弹性体施力点的位移应不大于 0.2mm。

（2）对称重框架和有关的托辊有何要求？

答：框架结构应坚固，刚性强，在最大流量下，框架挠度小于 0.5mm，称重框架前后相邻的固定托辊和称重托辊应装配滚珠轴承，或其他类似的轴承。托辊的径向跳动应小于 0.2mm，轴向窜动小于 0.5mm，称重托辊应相互平行，其不平行度不大于 0.5mm，诸托辊与皮带接触线的共面性应不大于 0.5mm，称重框架与固定框架采用簧片作支点轴时，各组簧片的交叉线应在同一轴线上，几何位置误差不大于 0.3mm，所有簧片应平直无扭曲。

（3）对测速传感器有何要求？

答：测速传感器在皮带秤有效量程内，应能准确地检测称重段的皮带速度，因此应尽量将测速轮置于接近称重段皮带的背面，测轮的轴线应与皮带运行方向垂直，测轮与皮带之间应保持滚动接触，无滑动，无脱离。测轮应保持清洁无黏结物，非接触式测速传感器应符合其厂家的技术要求。

（4）一台型号为 ICS-1200-ST 的 II 级电子皮带秤 $C_{max}=1000t$，带速为 2m/s，皮带总长为 58m，问零点累计示值允许值为多少？

答：试验时皮带转 6 整圈。

$$允许值 \Delta = 1000t \times \frac{\frac{58}{2} \times 6}{3600} \times 0.05\% = 1000000kg \times \frac{3 \times 58}{3600} \times 0.05\% = 24.17kg \approx 24kg$$

（5）为何要检查犁煤器漏料、抛洒的情况？

答：当煤先经过电子皮带秤称重后，进入实物检测装置称量时，若煤由皮带机上犁煤器犁入称重料斗的，则犁煤器的犁净程度对检定结果有直接的影响。因煤流过大引起煤的抛酒也会引起同样的结果，所以在进行实物检测时，应指派专人守候在犁煤器旁，如有抛酒应及时处理，有明显漏煤的，则应对犁煤器进行改造及调换计量专用的犁式卸料器。

（6）为什么要进行实物检测装置年稳定性检验，如何确定年稳定性？

答：电子皮带秤实物检测装置实际上是用于检定电子皮带秤的标准装置，不同于用于一般称量的衡器，为了保证在使用周期内具有足够的准确度，因此要对实物检测装置进行年稳定性考核。本次周期检定合格一年后进行年稳定性的检验。在检验时，应在一年内未进行任何准确度调整的前提下，再进行一次进程和回程的示值准确性检验，检定所得的误差值与一年前周检时的进程误差平均值和回程误差平均值分别进行比较，其差值应不大于使用时的允许误差。如检验结果示值准确性已超过检定时的允许误差，则需进行调整。

（7）如实物检测装置年稳定性不合格如何处理？

答：如实物检测装置的年稳定性不合格，则应缩短检定周期为半年。

（8）对皮带秤的铭牌标志如何规定？

答：在称重装置的明显处应有下列标志：皮带秤的名称、出厂编号、出厂日期、制造厂名或代号、准确度等级、流量范围、累计指示器分度值、零指示器分度值，并留有粘贴检定合格标记的位置。

（9）对称重指示控制器有何要求？

答：仪表应示值清晰，控制键、钮操作可靠。流量指示器的单位为 kg/s 或 t/h，累计指示器的单位为 kg 或 t，累计指示器的示值范围应大于皮带秤最大流量下 24h 的累计量。分度值形式为 $1\times10n$、$2\times10n$、$5\times10n$（n 为整数或零）中的一种，当物料流量高于或低于有效称量范围时称重指示控制器应给出指示。

（10）称重框架的安装位置有何规定？

答：在称重结果不受输送机尾轮结构影响的前提下，称重框架应安装在靠近尾轮的直线段上，与料仓落料点的距离不小于皮带在额定速度下一秒移动距离的 2~5 倍。当皮带输送机有凸向弯曲时，秤尾距离弯曲线的切点应大于 6m 或 5 个托辊间距；当皮带输送机有凹向弯曲时，秤尾距离弯曲线的切点应大于 12m，皮带秤不许装在缆索式和移动升降式输送机上。

（11）一台型号为 ICS-1200-ST 的Ⅱ级电子皮带秤，C_{max}=1000t，带速为 2m/s，皮带总长为 60m，分度值 d=10kg。进行实物检验时至少需要多少物料，量程允许误差为多少？

答：根据规程要求计算最小物料量：

$$T'_{min} = 2 \times \frac{60}{2} \times \frac{1000}{3600} = 16.667t \qquad T''_{min} = 1000 \times 4\% = 40t$$

$$T'''_{min} = 800 \times 0.01t = 8t$$

选最大值 $T_{min} = T''_{min} = 40t$

计算允许误差绝对值：40t×（±0.25%）=0.1t= ±100kg

加上最小分度值，允许误差为 ±100kg±10kg，即 ±110kg。

（12）一台型号为 ICS-1200-ST 的Ⅱ级电子皮带秤，C_{max}=1000t，4 托辊双杠杆秤架，托辊距为 1.2m，秤架全长 4.8m，带速为 2m/s。进行零点鉴别力检验时应加多重的小砝码？

答：设小砝码 m_1 加在二杠杆交会处的秤架上

Q_{max}=1000000kg/3600s=277.78kg/s

设加在两秤架交会处的合力为 M，则

$M=20Q_{max} \cdot L/V$

式中：Q_{max} 为最大流量；L 为托辊距；V 为带速。

$M=2 \cdot Q_{max} \cdot L/V=2 \times 277.78 \times 1.2/2=333.33$（kg）

m_1=333.33kg×0.05%=0.167kg=167g

应在二杆交会处加重 167g 的小砝码。

（13）有一台 ICS-800-ST Ⅱ级皮带秤，C_{max}=500t，在零值稳定性试验时最大允许值是多少？

答：最大允许值 $\Delta\omega$=0.0018%×500×1000=9（kg）

（14）有一台 ICS-1200-ST Ⅱ级皮带秤，C_{max}=1000t，皮带速度为 2m/s，托辊间距为 1.2m，秤架全长 4.8m，双杠杆秤架 4 托辊皮带全长 70m，检定分度值 d=1kg，在进行有效称量范围内的鉴别力试验时应加多大砝码，多大的鉴别力小砝码，示值的初始值约为多少，示值改变量的计算值为多少？

答： 设最大流量时折算到靠近二杠杆交会处的托辊上的合力为 M，则：

$$m_1 = \frac{8}{3} Q_{max} \cdot L / V = \frac{8}{3} \times \frac{1000000}{3600} \times \frac{1}{2} \times 1.2 = 444.44 \text{(kg)}$$

大砝码重 $m_1 = 60\%m = 266.67\text{kg}$，取整数为 260kg

小砝码重 $m_2 = 260 \times 0.25\% = 0.65\text{kg} = 650\text{g}$

试验时皮带转 5 圈，试验时间为 $5 \times \frac{70}{2} = 175 \text{(s)}$

初始值约为：$1000000 / 3600 \times 60\% \times \frac{260}{266.67} \times 175 = 28437 \text{(kg)}$

改变量计算值为：$28437\text{kg} \times 0.25\% = 71\text{kg}$

（15）在什么情况下可以减少电子皮带秤检测项目？

答： 检定新安装和修理后的皮带秤，以及用于贸易结算的皮带秤，检测项目不得减少。对于生产上的非结算用的皮带秤，企业或计量部门按本规程进行周期检定时，检测项目可以减少零点累计示值、线性度和重复性三项。

（16）实物检测装置的允许误差应为多少？

答： 装置在用标准负荷进行检定及用于称量时的允许误差有不同的要求，秤量范围不同也有不同的要求，列表如下：

秤量	允许误差	
	检定	使用
0~500e	± 0.5e	± 1.0e
> 500e~2000e	± 1.0e	± 2.0e
> 2000e~10000e	± 1.5e	± 3.0e

（17）实物检测装置短期稳定性检验应如何进行？

答： 完成示值准确性检定后计算出各称量的示值误差平均值，进程与回程分别计算。24h 后再进行一次各称量点进程和回程示值准确性检定，所得的误差值与原进程误差平均值和回程误差平均值相比较，其差值不允许大于规程所列检定时允许误差值。

（18）实物检测装置周期检定时可不进行哪些项目的试验？

答：实物检测装置周期检定时可不进行 JJG（电力）02—1996《电子皮带秤实物检测装置检定规程》中第 16、19、22 条的试验。

（19）电子皮带秤的优点？

答：优点有：

1）不受物料的物理性质的影响，抗腐蚀性强。

2）动态测量精度高，性能稳定，工作可靠，零点漂移小；长期测量精度无变化。

3）可以在高粉尘、露天等恶劣环境条件下工作。

4）输送不同物料时，不须重新标定。

5）受皮带的张力、振动、惯性、张紧轮不同轴等因素的影响。

（20）安装电子皮带秤应怎样选择地点？

答：1）皮带秤要安装在坚固的运输机上，否则，必须增加支撑。

2）皮带秤不应设置在距装料点 9m 以内的地方。

3）皮带秤不能在凹形或凸形线段的输送机上。

4）皮带秤不应装在输送机因超速或倾斜而使物料滑动的地方。

5）皮带秤应装在对风雨防护得最好的地方。

6）在装有皮带秤的输送机上不应连接或装设任何振动装置。

7）震动小，料流稳定，安装、维修、标定方便的地段。

8）靠近机尾，与开停传感器距离尽可能小。

9）尽量将接线端放在人员过往较少的地方，不至于造成人为的断线或损坏。

（21）什么是皮带秤的最大流量？

答：皮带秤在最大荷重和皮带最高速度下所得出的流量，也是皮带秤的标称流量或额定流量（单位：t/h 或 kg/s）。

（22）什么是皮带秤的最小流量？

答：当低于这个流量运行，可能导致称重结果超过相对误差。GB/T 7721—2017《连续累计自动衡器（皮带秤）》规定的最小流量为 $35\%Q_{max}$。

（23）什么是皮带秤的最大荷重？

答：皮带秤上允许进行称量的最大瞬时静荷重（单位：kg/m），又称最大载荷。

（24）什么是皮带秤的秤架？

答：也称为称重桥架，由两个桥架和一个固定称重传感器的支承梁架组成。

（25）什么是皮带秤的称重托辊？

答：安装在秤架上的托辊。

（26）什么是运行托辊？

答：安装在输送机架上的托辊。

（27）什么是称重域托辊？

答：称重域托辊是指包括称重托辊及其相邻两边的那几组托辊，在安装图上这些托辊注有（＋）和（－）的标志，至少有六组托辊组注（＋）和（－）。它们同称重托辊组一起需经精确的校准，这些托辊被视为称重系统的一部分，它对皮带秤的运行精度起着很重要的作用。

（28）什么是皮带秤的标准砝码？

答：标准砝码是用来做皮带机的模拟负荷检验电子皮带秤的长期稳定性。标准砝码的误差很小，如 10kg M2 级的标准砝码误差为 1.5g（优于 0.02%）。

（29）什么是电子皮带秤的间隔值？

答：间隔：即 k 值，是对显示量校准的系数。

（30）什么是电子皮带秤的速度系数？

答：速度系数：对测速传感器输出速度的一种校正，默认值为 2.00。

（31）什么是电子皮带秤的恒速系数？

答：恒速系数：皮带机实际运行的线速度，默认值为 2.00m/s。

（32）什么是电子皮带秤的零点电压？

答：空皮带时，在"测零时间"内测得"信号电压"的平均值。

（33）什么是皮带秤的测零时间？

答：皮带运行 3 整圈所需的时间，默认值为 2.00m/s。

（34）什么是皮带长度？

答：皮带的周长。

（35）什么是皮带的整圈数？

答：电子皮带秤的标校中需要皮带运转的圈数。

（36）什么是皮带秤的托辊间距？

答：两个托辊中心线间的距离，标准托辊间距为 1.2m。

（37）什么是电子皮带秤的信号电压？

答：称重传感器实时输出的电压值。"（信号电压 – 零点电压）× 间隔"即为载荷（kg/m）。

（38）什么是模拟标定？

答：在称重桥架上加挂已知重量的标准砝码（kg）或在输送机上铺设已知载荷的标准链码（kg/m），输送机以额定速度空带运行规定的测试时间后，用电子皮带秤显示的累计值与施加标准砝码或链码所对应的校准常数进行比对，即为模拟标定。

（39）用链码进行模拟标定时校准常数如何计算？

答：校准常数 = 链码对应载荷（kg/m）× 测试周期皮带长度（m）

测试周期皮带长度（m）= 皮带周长（m）× 皮带整圈数

（40）用标准砝码标定时校准常数如何计算？

答：校准常数 = 皮带载荷（kg/m）× 测试时间皮带长度（m）

皮带载荷（kg/m）= 标准砝码总重量（kg）/ 有效计量段长度（m）

（41）耳轴式秤架有哪些优点？

答：优点有：

1）高强度矩形管，刚性好，自重小，不变形，稳定性好。

2）单元组件结构，现场安装方便、快捷。

3）偏载影响小，计量精度高。

4）无运动磨损部件，维护量小。

（42）全悬浮秤架有哪些优点？

答：优点有：

1）高强度矩形管，刚性好，自重小，不变形，稳定性好。

2）单元组件结构，现场安装方便、快捷。

3）偏载影响最小，计量精度高。

4）无运动磨损部件，维护量小。

（43）用实物砝码检定最大称量为 30t 的电子钢材秤，其分度值 $e=d=10kg$，在 20t 称量点时，称量显示值 L 为 20000kg，然后向秤台上依次加放 1/10e 小砝码，一直加到 9kg 时，仪表显示值变为 20010kg，写出误差计算公式，并计算该秤在 20t 秤点的示值误差。

解：误差计算公式：$E=L+1/2e-\Delta m-M$

式中：E 为示值误差；L 为仪表显示值；m 为累计加的小砝码；M 为标准砝码。

$E=20000+10/2-9-20000=-4$（kg）

答：该秤在 20t 称量点的示值误差为 -4kg。

（44）测量上限为 2000℃的光学温度计，在示值 1500℃处相对真值为 1508℃，求该示值的①绝对误差；②相对误差；③引用误差；④修正值。

解：1）绝对误差 =1500℃ -1508℃ =-8℃。

2）相对误差 =-8℃ /1508℃ =-0.53%。

3）引用误差 =-8℃ /2000℃ =-0.4%。

4）修正值 =1508℃ -1500℃ =8℃。

（45）对一台 15kg 分度值是 5g 的电子计价秤进行检定，置零准确度测试的零点误差（E_0）为 1g。在测试 7.5kg 时，在承载上加放 7.5kg 的标准砝码和 2g 的闪变点砝码，此时显示 7.5kg，求此时该秤的示值误差（E）和修正误差（E_c）。

解：示值误差 $E=I+0.5e-\Delta m-m=7.5+2.5-2-7.5=0.5$（g）

修正误差 $E_c=E-E_0=0.5-1=-0.5$（g）

（46）对电子衡器秤台的要求是什么？

答：电子衡器的秤台必须有足够的刚度和强度，以保证受载后秤台不产生过大的弯曲变形，以免传感器承受较大的侧向力。

（47）简述一台 30kg，分度值为 5g 的电子秤，首次检定时在进行称量测试时所测试的点和对应的最大允许误差。

答：秤量测试应选 5 点：

1）最小秤量，允许误差 2.5g。

2）2.5kg，允许误差 5g。

3）10kg，允许误差 5g。

4）15kg，允许误差 7.5g。

5）15kg，允许误差 7.5g。

（48）某厂托利多罐秤为了支撑混匀配料槽，采用了 4 只传感器，使用中有一只损坏（仍支撑）；需重新进行模拟标定，罐重 700t，每只传感器额定载荷 300t，每只传感器满量程脉冲输出 100000 个，零点脉冲值为 2300，在 450t 标定时需要的量程脉冲值是多少？

解： 4 只传感器支撑，3 只有输出。

每只传感器承重：450t／4=112.5t

每只传感器的脉冲输出：112.5t／300t×100000=37500

则总脉冲输出：37500×3=112500

（49）为什么要进行实物检测装置年稳定性检验，如何确定年稳定性？

答： 电子皮带秤实物检测装置实际上是用于检定电子皮带秤的标准装置，不同于用于一般称量的衡器，为了保证在使用周期内具有足够的准确度，因此要对实物检测装置进行年稳定性考核，本次周期检定合格一年后进行年稳定性的检验，在检验时，应在一年内未进行任何准确度调整的前提下，再进行一次进程和回程的示值准确性检验，检定所得的误差值与一年前周检时的进程误差平均值和回程误差平均值分别进行比较，其差值应不大于使用时的允许误差。如检验结果示值准确性已超过检定时的允许误差，则需进行调整。

（50）试述电子皮带秤模拟负荷标准器的修正方法。

答： 对一台在现场安装，调试，经过零点，模拟和实物检测符合要求的皮带秤，再用挂码进行试验即可确定挂码的修正量。根据实物检测时所用的流量点分别计算出相应挂码的重量，并化整到 4kg 的整倍数，把挂码量平均分配后挂在 4 个挂码架上，在皮带运转与实物检测相同圈数的条件下记录累计示值，每组挂码各作三次试验，分别取得三次累计结果，并取平均值，以挂码试验累计示值的平均值乘以（1−δ）得到修正值（δ 为实物检测后得到的电子皮带秤误差平均值），记录这一修正值，在周期检定期内，随时可用这一修正值作为标准值复测皮带秤。

（51）皮带秤调试时零点超差判断处理。

答： 皮带秤的零点是否符合检定规程的标准，是皮带秤是否达到设定精度的关键，处理这种故障可从以下几个方面入手：

1）测试周期测量是否准确；精确测量测试周期；对于一条长的输送机，每一段皮带的厚度可能不同，精确的测量测试周期对于零点的稳定性是重要的。

2）皮带是否跑偏，皮带跑偏要求小于6%。

3）输送机是否需要加固；皮带秤横梁、耳轴支撑下要加支撑加固。

4）输送机是否震动，检查是否靠近震动源、附近是否有震动或产生震动的设备在运行；安装时注意远离振动设备。

5）皮带秤是否安装在输送机槽钢连接处；联接部分需焊接。

6）输送机走廊结构是否牢固；是否有基础沉、降的可能，如是钢结构，则要考虑钢结构的强度及温度变化的影响。

7）秤架内部是否存在藏力的现象；耳轴支点、秤架下横拉杆以及传感器拉杆是否能够自由活动。

8）称重传感器平衡度，传感器输出之间差距要求在0.2mV以内。

9）速度传感器是否存在失速的现象，观察每次调零时间是否相同、仪表显示皮带速度是否稳定。

10）静态检查称重传感器的性能。

11）检查仪表性能。

12）信号电缆是否正常。

（52）称重传感器的故障处理。

答：称重传感器式皮带秤的承重结构，如果出现故障会造成计量不准。首先可以通过积算器的诊断菜单，判断称重传感器的数字信号是否异常，如有异常则用万用表测量称重传感器输出毫伏值，超出正常范围就说明有故障，需更换。长期过载也可造成称重传感器变形，线性不好，影响计量。检测方法为：将称重传感器从皮带秤上拆下，在不接任何负载的情况下通电测试信号输出，如果为零毫伏则为正常；如果不为零，则说明已变形，不能保证线性输出了，需更换。由于皮带秤运行环境大多恶劣，所以如果测量称重传感器没有返回的信号，现场加载输出也无变化，则说明有可能信号线断裂或称重传感器应变片断裂。

（53）速度传感器的故障处理。

答：因为测速传感器是随着皮带不停运转的，因此出现故障的频率是很高的；松动是最常见的，表现为在积算器中速度信号不稳，这时需检查测速传感器，十有八九是输入轴松动造成的，解决的办法很简单，紧固就行；测速滚筒随皮带跳动，也会引起测速波动，因此要经常观察测速滚筒是否粘料，是否跳动。如果粘料应马上处理。还有一种常见的故障是无速度信号，这时需检查测速传感器是否进水、损坏，因为皮带秤工作环境十分恶劣，如果密封不好，就会造成测速传感器的损坏。由于测速传感器是固定在专用滚筒上的，因此滚筒轴承的维护也非常重要，要经常检查螺丝是否松动，按规定时间更换润滑脂，检查是否有轴向窜动，如果窜动，必须处理好，不然轴承会很快损坏，造成测速不准。

（54）电子皮带秤注意事项及日常维护。

答：1）秤体应保持清洁，秤体上无杂物覆盖。

2）仪表柜应保持清洁。

3）严禁在日常操作及维修中，人员在秤体或输送带上作业。

4）仪表不要长期断电或频繁断送电。

5）输送机皮带运行或打滑时严禁用手去拉动皮带，避免事故的发生。

6）定期更换齿轮油或润滑油。

7）定期对设备进行整体检查及性能调试。

8）定期对设备进行校准或标定。

（55）皮带秤自动称量后续检定的最大允许误差是多少？

答：皮带秤自动称量最大允许误差按准确度等级来分主要有四个：0.2 级最大允许误差 ±0.1%，0.5 级最大允许误差 ±0.25%，1 级最大允许误差 ±0.5%，2 级最大允许误差 ±1.0%。

（56）零点累计的最大允许误差如何检定？

答：在检测前，皮带空载状态下至少运行 15min。在积算仪或控制系统中选择"零点校准"，皮带秤进入自动零点校准程序。皮带秤空转一个整数圈，持续时间尽量接近 3min，积算仪或累计指示装置计算显示累计重量或相对误差。

皮带秤的累计载荷示值应不超过试验期间最大流量下累计载荷的百分数：

1）对 0.2 级皮带秤为 0.02%；

2）对 0.5 级皮带秤为 0.05%；

3）对 1 级皮带秤为 0.1%；

4）对 2 级皮带秤为 0.2%。

如果皮带秤此项试验未通过，则可再重复一次试验，以获得符合要求的结果。

（57）皮带秤后续检定项目有哪些？

答： 皮带秤后续检定项目见下表：

章节	检定项目		首次检定	后续检定	使用中检查
7.3.1	外观检查	计量管理及说明性标记	+	+	+
		检定标记	+	+	+
7.3.2	使用条件检查	流量检查	+	+	+
		最小累计载荷 $\sum_{min}$ 检查	+	+	+
		适用性检查	+	-	-
7.3.3	零点	零点累计的最大允许误差	+	+	+
		零载荷的最大偏差试验	+	+	+
		累计零点的鉴别力	+	-	-
7.3.4	物料检定	最大给料流量	+	-	-
		最小给料流量	+	-	-
		中间给料流量	+	-	-
		常用给料流量	-	+	+

注 "+"表示应检项目；"-"表示可不检项目。

（58）一台 0.5 级电子皮带秤，Q_{max}=1000t/h，皮带转一周的时间为 82s，皮带总长 225m，零点累计的最大允许值为多少（零点试验皮带秤转 2 个整数圈）？

答： 零点累计的最大允许值为：$Q_{max} \times t \times 0.05\% = 1000 \times 82 \times 2 \times 0.0005 = 0.02277(t) \approx 22.8kg$。

（59）什么是皮带秤最大流量？

答： 皮带秤最大流量是指皮带秤在最大荷重和皮带最高速度下所得出的流量。

最大荷重是指皮带秤上允许称量的最大瞬时静荷重。

（60）电子皮带秤最小累计载荷的累计分度数是多少？

答：电子皮带秤最小累计载荷的累计分度数见下表：

准确度等级	累计分度数
0.2	2000
0.5	800
1	400
2	200

（61）传感器的故障检测和排除。

答：对于任何一种电子秤，其故障处理均应遵循这样的步骤：通过故障观察斗分析故障原因，用检测方法为故障判断提供依据，可根据实际情况选用阻抗判别法、信号输出法判断。

1）阻抗判别法：逐个将传感器的两根输出线、输入线拆掉，用万用表测试输出、输入阻抗和信号电缆各芯线与屏蔽层间的绝缘电阻。如果测试结果达不到合格证上的数值，即可判断为故障传感器。

2）信号输出判断：如果阻抗法无法判断传感器的好坏，可用此法做进一步检查。先给仪表通电，将传感器的输出线拆掉，在空秤下用万用表测量其没有外加载荷时的输出电压值 M_v。假设额定激励电压为 U（V），传感器的灵敏度为 M（M_v/U），传感器的额定载荷为 F（kg），则每个传感器的输出为 $U \times M \times K/F$（M_v），其中 K 是一个常数，代表传感器的特性。如果哪一只的输出值超出该计算值过多或不稳定，即可判断该传感器有故障或已被损坏。

（62）电阻应变式称重传感器的使用特性。

答：由于传感器是由机械力学、电学、化学等多门学科技术结合的产品，各种技术工艺对传感器的使用特性都会产生影响。

1）电阻应变式称重传感器的零点漂移。对于不同精度等级的传感器，其零点温度系数的技术指标是相应不同的。环境温度对不同等级的传感器产生不同的影响。传感器在使用现场的环境温度状况与补偿作业、检定作业时的环境温度状况是相差甚远的，传感器在使用现场出现的"温漂"，大多是由湿度梯度引起的。因此，使用者在使用中发现传感器出现过大的温漂时，首先应测试使用环境的温度是否相对恒定，应采取措施在其周围创造一个局部的相对恒定的温度环境。

2）超载、偏载、侧向力冲击和碰撞引起的零点变化在使用中，如果施力平面与支承基面不平行，偏载情况就会恶劣。偏载或超载会使弹性体某一局部区段产生较大的塑性变形，零点就会突然变大，如果偏载引起的局部应力超出强度极限，则会造成传感器损坏。侧向力的影响，在电子衡器的设计安装时已考虑了，各种承载机构，限位装置就是针对使用中的侧向力而设计的。侧向力引起零点突变，往往是事故性的。

3）现场电磁场干扰引起零点变化。如使用现场的空间电磁场突然冲击或变化，致使在桥路网络上或信号传输线上激起相当量值的感应电势，会引起传感器输出波动。针对以上使用特性，使用单位应从电、环境温度、机械结构及机械操作等方面采取措施，减少或消除对传感器的影响。

（63）电阻应变式称重传感器使用中的故障诊断与分析。

答： 电子衡器的故障现象总是在系统的终端显示仪表上表现出来，故障现象表现后，不要盲目地乱拆传感器，应采用相应的方法找出故障点。无论是工程上使用的复杂电子衡器和测力系统，还是在实验室使用的试验装置，它们都是由一个或多个传感器、机械装置、系统中间接线盒、传输电缆和检测仪表组成。现场计控人员诊断传感器故障时，首先应判断故障来自测量系统的哪个环节。可采用如下方法：

1）检查机械装置的安装状态，发现和排除明显的机械故障。

2）用一台同类型不同量程的高准确度小传感器当作标准信号发生器来测量判别显示器是否有故障。

3）打开中间接线盒，用一台正常的仪表分别检测每只传感器的工作状态，判断某只传感器是否有故障。

4）用电工三表或绝缘电阻表检查电缆是否受伤。用以上方法缩小故障范围，找出有故障的传感器。对有故障的传感器应做进一步的测试与分析，并及时了解故障发生时的运行情况。这一点很重要，因为传感器引起故障常常与违规操作使用、机械装置异常或使用环境的变化等因素有关。

（64）电阻应变式称重传感器现场使用的注意事项。

答：1）地电位接地。局部地区的地电位，事实上是经常变动的，工业现场电位的变化主要来源于电器设备的漏电，电力线路的开闭和电力设备的负载变化及雷电的影响。

2）屏蔽套与外壳接地。屏蔽套的接地桩位应选择地电位恒定为零的地区，桩位应尽量就近解决。传感器有全封闭的金属外壳，对贴切在弹性体上的应变计及测量电路具有保护其不受潮，使内部器件不受电磁场干扰及防止热辐射的防护作用。为保证传感器本身有稳定的零电位，不受设备电位波动的影响，除设备须安全接地外，传感器外壳也应单独接地。

3）设置传感器大电流回流电缆，以防止雷击时或承载器上进行电焊等操作时电流对传感器的影响。

4）称重传感器应轻拿轻放。冲击、碰撞、跌落都可能对传感器的计量性能造成损害。

5）安装传感器的底座安装面应平整清洁，不应有油膜、胶膜存在，应进行水平调整，尤其是传感器多于 3 个以上的称量系统，使用中更应注意调整各个传感器的水平一致。

6）称重传感器的加载方向都是确定的，使用时一定要在此方向上加载，尽量避免横向力、附加弯矩扭矩的产生；称台上禁止长期放置重物，以防传感器产生蠕变。

7）应经常检查系统有无运动不顺现象。可在秤台上加减约千分之一的额定负荷，观察显示仪表是否有变化的方法来检查可动部件是否被"沾污"受卡。

（65）称重传感器的故障成因。

答：1）纯机械构件引起的故障；

2）电桥网络线路引起的故障；

3）粘贴部位引起的故障。

（66）皮带秤安装位置的选择。

答：1）皮带秤应安装在输送机振动较小的位置。

2）皮带秤应选择直线段进行安装。

3）称重桥架应安装在靠近尾轮的直线段上，与料仓落料点的距离不小于皮带在额定速度下一秒移动距离的 2~5 倍。

4）皮带输送机的支架应有足够的刚性，在负荷作用下能抗挠曲。

5）皮带秤的承载器（秤架）的结构应坚固。

6）在任一纵向直线段，辊轨（是皮带或承载器上安放托辊的装置，即托辊架）应排列成直线，并使皮带恒定地支撑在称重托辊上。

7）若装有皮带清洁装置（清扫器），则应定位准确且运行良好，不会对称量结果造成过量的附加误差。

8）皮带秤不要安装在输送机角度大于 16° 的输送机上，辊轨应不会引起物料的滑动（除皮带输送机倾角过大会引起物料滑动外，托辊的槽型角度、托辊架间的距离、托辊的同心度等都有可能引起物料的滑动）。

9）皮带秤承载器上的最靠边称重托辊与两侧输送机的托辊（两侧各 3~5 组的托辊）的接触面应尽量调到同平面，中间托辊的共面差不大于 0.5mm，侧托辊的共面差不大于 0.8mm。

10）皮带的纵向张力（沿皮带传动方向上的张力）应保持不受来自重力张力装置或其他自动张力装置的温度、磨损或载荷的影响。在正常工作条件下，其张力应是：在皮带与驱动轮之间实际上应无滑动。对于长度超过 10m 的皮带输送机，其传递张力的滚轮与皮带的接触面应有不小于 90° 的包角。

11）当皮带输送机有凸向弯曲时，秤尾距离弯曲线的切点应大于 6m 或 5 个托辊间距。

12）当皮带输送机有凹向弯曲时，秤尾距离弯曲线的切点应大于 12m。

13）在称重托辊前后各五组托辊以外应安装皮带跑偏限位器，皮带跑偏量应不大于带宽的 6/100。

（67）电子称重仪表抗干扰性能试验测试的主要内容有哪些？

答：1）静电放电。模拟仪表在接收外界静电（如人体或设备带电）产生的放电或静电场干扰时的抵抗能力。分别输入 10d 及接近 max 的信号进行试验。严酷等级为 3 级（空气放电 8kV，接触放电 6kV）；放电至少 10 次，时间间隔 1s。受试仪表应不产生大于 1d 的变差或能处理的显著增差。

2）短时电源电压跌落。模拟电网中接入大功率的设备引起的电网电压和短时中断现象，主要测试仪表的性能稳定性。分别输入 10d 及接近 max 的信号进行试验；每隔 10s 使试验电压发生器在半周期将供电电压跌落到"0"，进行 10 次；每隔 10s 使试验电压发生器在半周期将供电电压跌落到"50"，进行 10 次；受试仪表应不产生大于 1d 的变差或能处理的显著增差。

3）电磁辐射。用于考察仪表对外界高频电磁场的干扰。高频电磁波的干扰是通过空间传输，输入 10d 或除零点外最小负荷值进行实验：干扰源为场强是 10V/m，频率范围为 80~2000MHz，调制 80%AM，1kHz 的正弦电磁波，然后将仪表放置于规定的电磁场中，观察仪表的示值变化应不产生大于 1d 的变差或能处理的显著增差。

4）工频磁场发生器。模拟工频电力线所构成的磁场（如大型变压设备附近的磁场）对仪表产生的影响。

5）浪涌（冲击）。用来模拟自然雷击或者电网中接入大容性负载所产生的脉冲对仪表的影响。输入 10d 或除零点外最小负荷值进行实验。差模：L-N（0.5kV、60s、3 次）；共模：L-PE、N-PE、LN-PE（1kV、60s、3 次），受试仪表应不产生大于 1d 的变差或能处理的显著增差。

6）电快速瞬间脉冲群。模拟设备附近或电网中发生感性负载时导致的脉冲干扰。输入 10d 或除零点外最小负荷值进行实验，严酷等级 2 级（脉冲幅度 1kV），测试实施于供电回路，分别进行正负极性试验；实验持续时间不少于 30s（或 100 个脉冲群）；实验应在室温下进行。受试仪表应不产生大于 1d 的变差或能处理的显著增差。

7）射频场传导。指外界低频电磁场通过耦合在电缆上产生感应电流或电压，沿着电缆进入仪表内部，考察仪表抗干扰能力，相当于在将仪表电源加入规定的电磁波信号 10d 或除零点外最小负荷值进行实验。干扰源为射频幅值（50Ω）10V（e.m.f），频率范围为 0.15~80MHz，调制 80%AM，1kHz 的正弦电磁波。

（68）什么是称重模块？

答：称重模块经常被叫作称重传感器，有时也将传感器称为变送器。应该都属于模拟控制，通过外部压力的变化，引起应变片电阻的变化，输出电流或电压。

（69）称重模块安装的注意事项有哪些？

答：1）要注意水平调整，包括单个模块的安装平面和一套称重模块之间的水平调整。

2）焊接时传感器不能通过电流，焊接顶板时，地线要连接在秤体上，焊接底板时，地线要接在基础上，防止损坏传感器。

3）如果秤体上有输料管道，应换成软管，或使连接管道尽量长一点，以防止它们吃掉传感器真实的负荷而引起误差。

4）要在容器上焊一个砝码校验台，以便校验。容器上一般都无放置砝码的地方，需要焊一个平台放置砝码。通常焊在容器的下方，便于砝码上下安放。

5）接线盒必须注意防潮，多余的孔要用密封塞头塞住。接线盒如安装于室外，必须加保护箱，防止雨淋。在使用中因接线盒受潮而造成故障的情况时有发生，因此必须引起足够的重视。

（70）称重模块调试注意事项有哪些？

答：1）调试前一定要检查每个称重模块的支撑螺杆顶部螺母是否已松开，套筒是否处于自由状态，否则，将产生较大误差，甚至无法称重。

2）调试时，要检查每一个参数出厂设定值是否符合实际需要，尤其是"开机清零"参数，出厂时一般都设定为"开机自动清零"，在容器秤上最好改为"禁止开机　自动清零"，防止因停电等原因，再次开机时，容器的物料重量被清零而丢失。

3）量程设定不是指一套称重模块的额定总负荷，也不包括容器自身的重量，而应根据最大物料称量，从说明书所给的分度数和分度值中选取大于等于最大称重量作为量程。

4）称重显示仪电源电压必须符合要求，如电压不稳，超出允许范围，则会引起数字漂移。最好使用稳压电源。

（71）什么是称重仪表？

答：称重仪表也叫称重显示控制仪表，是将称重传感器信号（或再通过重量变送器）转换为重量数字显示，并可对重量数据进行储存、统计、打印的电子设备，常用于工农业生产中的自动化配料，称重，以提高生产效率。

（72）什么是称重变送器？

答： 称重变送器也叫作重量变送器，是一种将物理量变换成电信号，将毫伏信号输出的传感器经隔离放大转换成标准直流信号的变送器。通常采用 SMT 工艺，针对工业过程的电阻应变式信号传感器而设计制造，适用于不同规格称重传感器。

（73）称重变送器的用途有哪些？

答： 称重变送器在工业称重过程中常用的一种变送器，广泛应用于数据采集、信号传输转换和集散称重控制系统及配料系统，主要应用于水泥、混凝土、玻璃、造纸、塑胶、化工、冶金、有色、棉纺、试验机等行业称重式料位，重量负荷、张力、拉压力信号的变送、显示、检测等。

第 3 章

流量

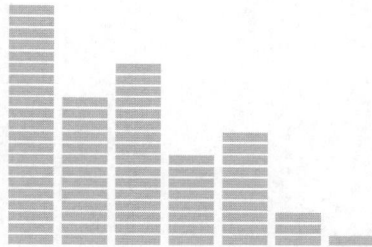

第1节

流量基础知识

在火电厂的热力生产过程中，流量是反映生产过程中物料、工质或能量的产生和传输的量。由于流体（水、蒸汽、煤、油等）的流量直接反映设备效率、负荷高低等运行情况，因此，要连续监视水、汽和煤、油等的流量或总量。监视的目的是多方面的，例如，为了进行经济核算，需测量锅炉原煤消耗量及汽轮机蒸汽消耗量；锅炉汽包水位的调节，应以给水流量和蒸汽流量的平衡为依据；监测锅炉每小时的蒸发量及给水泵在额定压力下的给水流量，能判断该设备是否在最经济和安全的状况下运行等，可见连续监视、测量流体的流量对于热力设备的安全、经济运行有着重要意义。

1. 流量定义

单位时间内通过管道横截面的流体数量，称为瞬时流量 q，简称流量，关系见式（3-1）

$$q=\mathrm{d}Q/\mathrm{d}t \qquad\qquad (3-1)$$

式中：$\mathrm{d}Q$ 为 $\mathrm{d}t$ 时间内流过的流体量，单位取质量或体积的相应单位；$\mathrm{d}t$ 为时间间隔，s、min 或 h。

按物质量的单位不同，流量有"质量流量 q_m"和"体积流量 q_v"之分，它们的单位分别为 kg/s 或 $\mathrm{m^3/s}$。上述两种流量之间的关系见式（3-2）

$$q_\mathrm{m}=\rho q_\mathrm{v} \qquad\qquad (3-2)$$

式中：ρ 为被测流体密度。

瞬时流量是判断设备工作能力的依据，它反映了设备当时是在什么负荷下运行的，所以流量监测的内容主要在于监督瞬时流量。一般所说的流量就是指的瞬时流量。

从 t_1 至 t_2 这一段时间间隔内通过管道截面的流体数量称为流过的流体总量。

例如，在24h内汽轮机消耗的主蒸汽量，热力网24h内对外供应的热汽（水）量等。检测流体总量，是为热效率计算和成本核算提供必要的数据。显然流体流过的总量可以通过在该时间内瞬时流量对时间的积分得到，所以流体总量又称为积分流量或累计流量。

总量的单位是kg/m³。流体总量除以得到总量的时间间隔就称为该段时间内的平均流量。测量瞬时流量的仪表称作流量表（或流量计）；测量总量的仪表称为计量表，它通常由流量计再加积分装置组合而成。

在表示流量大小时，要注意所使用单位的不同。由于流体的密度受压力、温度的影响，所以在用体积流量表示流量大小时，必须同时指出被测流体的压力和温度的数值。当流体的压力和温度参数未知时，体积流量的资料只"模糊地"给出了流量，所以严格地说要用"标准体积流量"（标准状况下 m³/s）。"标准体积流量"即指在温度为20℃（或0℃），压力为 1.013×10^5Pa 下的体积流量数值。在标准状态下，已知介质的密度 σ 为定值，所以标准体积流量和质量流量之间的关系是确定的，能确切地表示流量。

体积流量：当流体以体积表示时称为体积流量。

质量流量：当流体以质量表示时称为质量流量。

2. 计量单位

体积流量的计量单位为立方米/秒（m³/s）；

质量流量的计量单位为千克/秒（kg/s）；

累积体积流量的计量单位为立方米（m³）；

累积质量流量的计量单位为千克（kg）。

工程上还使用的流量计量单位有：立方米/时（m³/h）、升/分（L/min）、吨/小时（t/h）、升（L）、吨（t）等。

3. 测量方法

流量测量方法大致可以归纳为以下几类：

（1）通过测量流体差压信号来反映流量的差压式流量测量法；

（2）通过直接测量流体流速来得出流量的速度式流量测量法；

（3）利用标准小容积来连续测量流量的容积式测量法；

（4）以测量流体质量流量为目的的质量流量测量法。

4. 流量仪表的主要技术参数

（1）流量范围。流量范围指流量计可测的最大流量与最小流量的范围。

（2）量程和量程比。流量范围内最大流量与最小流量之差称为流量计的量程；最大流量与最小流量的比值称为量程比，亦称流量计的范围度。

（3）允许误差和精度等级。流量仪表在规定的正常工作条件下允许的最大误差，称为该流量仪表的允许误差，一般用最大相对误差和引用误差来表示。

流量仪表的精度等级是根据允许误差的大小来划分的，其精度等级有 0.02、0.05、0.1、0.2、0.5、1.0、1.5、2.5 等。

（4）压力损失。压力损失的大小是流量仪表选型的一个重要技术指标。压力损失小，流体能消耗小，输运流体的动力要求小，测量成本低。反之则能耗大，经济效益相应降低。故希望流量计的压力损失越小越好。

第 2 节
流量仪表

一 流量仪表分类

流量仪表主要分为：差压式流量计、容积式流量计、速度式流量计（超声波流量计）、电磁流量计、质量流量计。

二 差压式流量计

差压式流量计是目前使用最多的流量计，同时也是目前生产较为成熟的流量测量仪表之一。

差压式流量计的特点是：方法简单，仪表无可动部件，工作可靠，寿命长，量程比大约为 3∶1，管道内径在（50~1000）mm 范围内均能应用，几乎可测各种工况下的单相流体流量；不足之处是对小口径管的流量有困难，压力损失较大，仪表刻度为非线性，测量准确度不很高，维护工作量也较大，且感测组件与显示仪表必须配套使用。

1. 差压式流量计的组成

差压式流量计是由节流装置（或差压流量传感器）和差压计（或差压变送器及显示仪表）两部分组成。

节流装置包括节流件、取压装置和前后测量管。

节流件有标准孔板、标准喷嘴、长径喷嘴、经典文丘利管、文丘利喷嘴，以及锥形入口孔板、1/4 圆孔板、偏心孔板、同缺孔板等。

2. 差压式流量计的原理

差压式流量计基于流体在通过设置于流通管道上的流动阻力件时产生的压力差与流体流量之间的确定关系，通过测量差压值求得流体流量。

差压式流量计原理示意图与实物图见图 3-1。

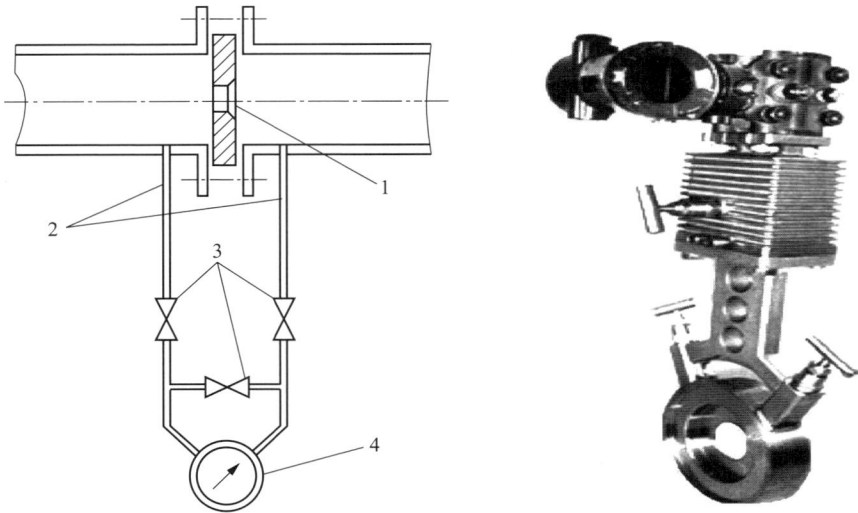

图 3-1　差压式流量计原理示意图与实物图

1—节流元件；2—引压管路；3—三阀组；4—差压计

三 容积式流量计

1. 椭圆齿轮流量计

椭圆齿轮流量计工作原理：图 3-2 中，流体在流量计进、出口处的压力 p_1、p_2，当 A、B 两轮处于图 3-2（a）所示位置时，A 轮与壳体间构成容积固定的半月形测量室（图中阴影部分），此时进、出口差压作用于 B 轮上的合力矩为零，而在 A 轮上的合力矩不为零，产生一个旋转力矩，使得 A 轮作顺时针方向转动，并带动 B 轮逆时针旋转，测量室内的流体排向出口；当两轮旋转处于图 3-2（b）位置时，两轮均为主动轮；当两轮旋转 90°，处于图 3-2（c）位置时，转子 B 与壳体之间构成测量室，此时，流体作用于 A 轮的合力矩为零，而作用于 B 轮的合力矩不为零，B 轮带动 A 轮转动，将测量室内的流体排向出口。

当两轮旋转至 180° 时，A、B 两轮重新回到图 3-2（a）位置。如此周期地主从更换，两椭圆齿轮作连续的旋转。当椭圆齿轮每旋转一周时，流量计将排出 4 个半月形（测量室）体积的流体。设测量室的容积为 V，则椭圆齿轮每旋转一周排出的流体体积为 $4V$。

只要测量椭圆齿轮的转数 N 和转速 n，就可知道累积流量和单位时间内的流量。

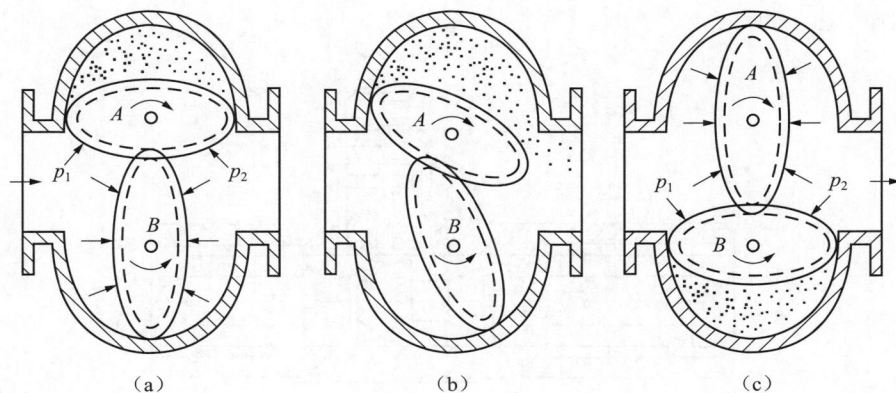

图 3-2　椭圆齿轮流量计工作原理图

2. 腰轮流量计

腰轮流量计又称罗茨流量计，其工作原理与椭圆齿轮流量计相同，见图 3-3。腰轮流量计的转子是一对不带齿的腰形轮，在转动过程中依靠套在壳体外的与腰轮同轴上的啮合齿轮来完成驱动。

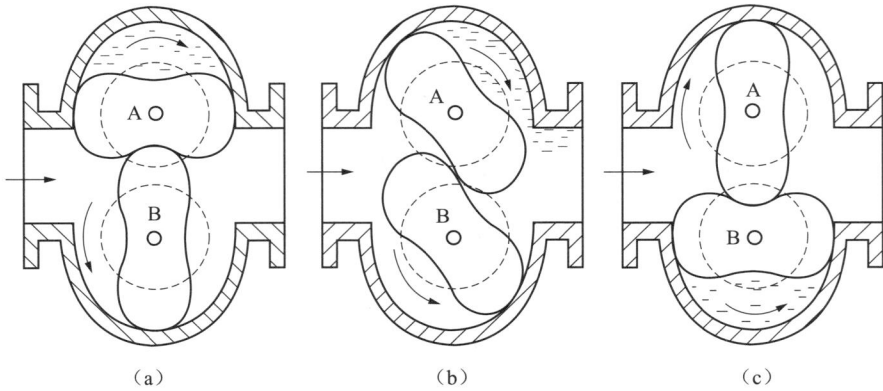

图 3-3 腰轮流量计工作原理图

四 速度式流量计

（一）涡轮流量计

1. 工作原理与结构

在一定范围内，涡轮的转速与流体的平均流速成正比，通过磁电转换装置将涡轮转速变成电脉冲信号，以推导出被测流体的瞬时流量和累积流量，涡轮流量计结构图见图 3-4。

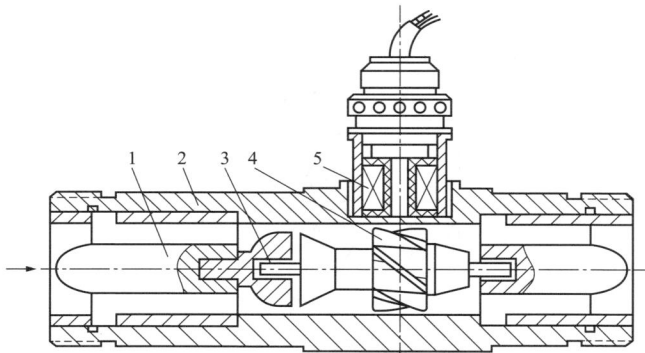

图 3-4 涡轮流量计结构图

1—导流器；2—外壳；3—轴承；4—涡轮；5—磁电转换器

2. 涡轮流量计的特点和使用场合

优点：其测量精度高，复现性和稳定性均好；量程范围宽，量程比可达（10~20）：1，刻度线性；耐高压，压力损失小；对流量变化反应迅速，可测脉动流量；抗干扰能力强，信号便于远传及与计算机相连。

缺点：制造困难，成本高。

使用场合：通常涡轮流量计主要用于计量精度要求高、流量变化快的场合，还用作标定其他流量的标准仪表。

（二）超声波流量计

频率在 $16~2 \times 10^4 Hz$ 之间，能为人耳所闻的机械波，称为声波；低于 $16Hz$ 的机械波，称为次声波；高于 $2 \times 10^4 Hz$ 的机械波，称为超声波；频率在 $3 \times 10^8~3 \times 10^{11} Hz$ 之间的波，称为微波。

利用超声波在超声场中的物理特性和各种效应而研制的装置称为超声波换能器、探测器或传感器。

超声波探头按其工作原理可分为压电式、磁致伸缩式、电磁式等，其中以压电式最为常用。压电式超声波探头常用的材料是压电晶体和压电陶瓷，这种传感器统称为压电式超声波探头。它是利用压电材料的压电效应来工作的：①逆压电效应将高频电振动转换成高频机械振动，从而产生超声波，可作为发射探头；②正压电效应是将超声振动波转换成电信号，可作为接收探头。

1. 超声波探头结构

超声波探头主要由压电晶片、吸收块（阻尼块）、保护膜、引线等组成。压电晶片多为圆板形，厚度为 δ。超声波频率 f 与其厚度 δ 成反比。压电晶片的两面镀有银层，作导电的极板。阻尼块的作用是降低晶片的机械品质，吸收声能量。如果没有阻尼块，当激励的电脉冲信号停止时，晶片将会继续振荡，加长超声波的脉冲宽度，使分辨率变差。

2. 超声波流量测量方法

超声波流量传感器的测定方法是多样的，如传播时间差法、波速移动法、多普勒效应法、流动听声法等。但目前应用较广的主要是超声波传播时间差法。

超声波在流体中传播时，在静止流体和流动流体中的传播速度是不同的，利用这一特点可以求出流体的速度，再根据管道流体的截面积，便可知道流体的流量。

3. 超声波流量计原理

如果在流体中设置两个超声波传感器，它们既可以发射超声波又可以接收超声波，一个装在上游，另一个装在下游，其距离为 L，如图 3-5 所示。如设顺流方向的传播时间为 t_d，逆流方向的传播时间为 t_u，流体静止时的超声波传播速度为 c，流体流动速度为 v。则计算式为

$$\begin{cases} t_d = \dfrac{L}{c + v\cos\theta} \\ t_u = \dfrac{L}{c - v\cos\theta} \end{cases} \quad\quad (3-3)$$

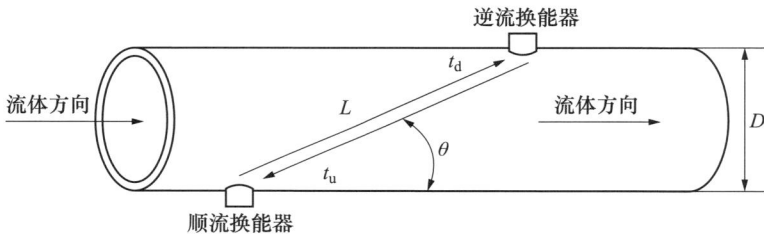

图 3-5　超声波测流量原理图

4. 超声波流量计特点与使用

超声波流量传感器具有不阻碍流体流动的特点，可测的流体种类很多，不论是非导电的流体、高黏度的流体，还是浆状流体，只要能传输超声波的流体都可以进行测量。

超声波流量计使用中的注意事项：

（1）瞬时流量计波动大。①信号强度波动大；②本身测量流体波动大。

解决方法：调整好探头位置，提高信号强度（保持在 3% 以上），保证信号强度稳定，如本身流体波动大，则位置不好，重新选点，确保前 10D 后 5D 的工况要求。

（2）外夹式流量计信号低。管径过大，管道结垢严重，或选择安装方式不对。

（3）插入式探头使用一段时间后信号降低。原因可能是探头发生偏移或探头表

面水垢厚。

（4）仪表在现场强干扰下无法使用。供电电源波动范围较大，周围有变频器或强磁场干扰，接地线不正确。

解决方法：给仪表提供稳定的供电电源，仪表安装远离变频器和强磁场干扰，有良好的接地线。

五　电磁流量计

1. 电磁流量计的基本原理

在磁感应强度为 B 的均匀磁场中，垂直于磁场方向放一个内径为 D 的不导磁管道，当导电流体在管道中以流速 u 流动时，导电流体就切割磁力线。如果在管道截面上垂直于磁场的直径两端安装一对电极（见图 3-6），则可以证明，只要管道内流速分布为轴对称分布，两电极之间会产生感生电动势：$e=KBDV$，V 为管道截面上的平均流速，K 为仪表常数。

2. 测量原理和结构

电磁流量计是基于法拉第电磁感应原理制成的一种流量计（原理图见图 3-6，实物图见图 3-7）。当被测导电流体在磁场中沿垂直磁力线方向流动而切割磁力线时，在对称安装在流通管道两侧的电极上将产生感应电势，此电势与流速成正比，即

$$E=KBLv \tag{3-4}$$

式中：B 为磁感应强度；L 为测量电极之间的距离；v 为被测流体在磁场中运动的平均速度；K 为比例常数。

须使测量条件满足下列假定：

（1）磁场是均匀分布的恒定磁场；

（2）被测流体的流速轴对称分布；

（3）被测液体是非磁性的；

（4）被测液体的电导率均匀且各向同性。

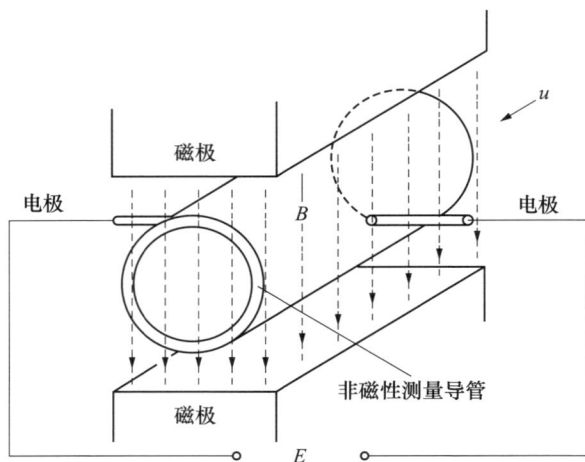

图 3-6 电磁流量计原理图

图 3-7 电磁流量计实物图

3. 工作原理

电磁流量计主要由变送器（又称一次装置、检出器或传感器）和转换器（又称二次装置或变换器）及流量显示仪表三部分组成。变送器把流过的被测液体的流量转换为相应的感应电势。转换器的作用是把电磁流量变送器输出的和流量成比例的毫伏级电压信号放大，并转换成为可被工业仪表接收的标准直流电流、电压或脉冲信号输出，以便与仪表及调节器配合，实现流量的指示、记录和运算。

电磁流量计的结构如图 3-8 所示。

4. 励磁方式

（1）直流励磁。直流励磁方式用直流电产生磁场或采用永久磁铁，它能产生一个恒定的均匀磁场。这种直流励磁变送器的最大优点是受交流电磁场干扰影响很

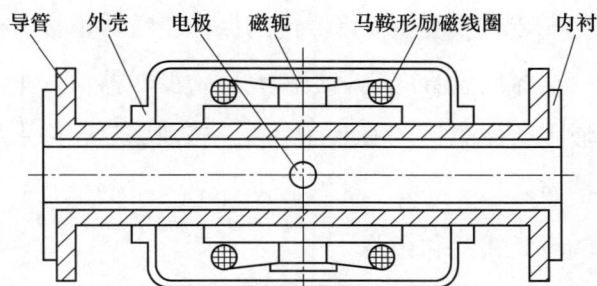

导管　外壳　电极　磁轭　马鞍形励磁线圈　内衬

图 3-8　电磁流量计的结构

小，因而可以忽略液体中的自感现象的影响。但是，使用直流磁场易使通过测量管道的电解质液体被极化，直流励磁一般只用于测量非电解质液体，如液态金属等。

（2）交流励磁。目前，工业上使用的电磁流量计，大都采用工频（50Hz）电源交流励磁方式，即它的磁场是由正弦交变电流产生的，所以产生的磁场也是一个交变磁场。交变磁场变送器的主要优点是消除了电极表面的极化干扰。另外，由于磁场是交变的，所以输出信号也是交变信号，放大和转换低电平的交流信号要比直流信号容易得多。用交流磁场会带来一系列的电磁干扰问题：例如正交干扰、同相干扰等。

（3）低频方波励磁。直流励磁方式和交流励磁方式各有优缺点，为了充分发挥它们的优点，尽量避免它们的缺点，20 世纪 70 年代以来，人们开始采用低频方波励磁方式。它的励磁电流波形如图 3-9 所示，其频率通常为工频的 1/4~1/10。

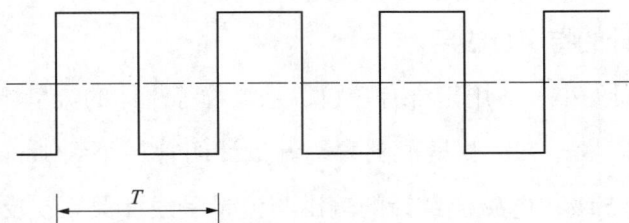

T

图 3-9　方波励磁电流波形

5.电磁流量计的安装

（1）变送器应安装在室内干燥通风处。避免安装在环境温度过高的地方，不应受强烈振动，尽量避开具有强烈磁场的设备，如大电机、变压器等。避免安装在有腐蚀性气体的场合。安装地点便于检修。这是保证变送器正常运行的环境条件。

（2）为了保证变送器测量管内充满被测介质，变送器最好垂直安装，流向自下而上。尤其是对于液固两相流，必须垂直安装，若现场只允许水平安装，则必须保证两电极在同一水平面。

（3）变送器两端应装阀门和旁路。

（4）电磁流量变送器的电极所测出的几毫伏交流电势，是以变送器内液体电位为基础的，为了使液体电位稳定将变送器与流体保持等电位，以保证稳定地进行测量，变送器外壳与金属管两端应有良好的接地，转换器外壳也应接地，接地电阻不能大于10，不能与其他电器设备的接地线共用。如果不能保证变送器外壳与金属管道良好接触，应用金属导线将它们连接起来，再可靠接地。

（5）为了避免干扰信号，变送器和转换器之间的信号必须用屏蔽导线传输，不允许把信号电缆和电源线平行放在同一电缆钢管内，信号电缆长度一般不得超过30m。

（6）转换器安装地点应避免交、直流强磁场和振动，环境温度为 -20~50℃，不含有腐蚀性气体，相对湿度不大于80%。

（7）为了避免流速对测量的影响，流量调节阀应设置在变送器下游，对于小口径的变送器来说，因为从电极中心到流量计进口端的距离已相当于好几倍直径 D 的长度，所以对上游直管可以不做规定，但对口径较大的流量计，一般上游应有 $5D$ 以上的直管段，下游一般不做直管段要求。

6. 电磁流量计的特点及应用

优点：压力损失小，适用于含有颗粒、悬浮物等流体的流量测量；可以用来测量腐蚀性介质的流量；流量测量范围大；流量计的管径小到1mm，大到2m以上；测量精度为 0.5~1.5 级；电磁流量计的输出与流量呈线性关系；反应迅速，可以测量脉动流量。

缺点：被测介质必须是导电的液体，不能用于气体、蒸汽及石油制品的流量测量；流速测量下限有一定限度；工作压力受到限制。结构也比较复杂，成本较高。

7. 电磁流量计故障类型

运行中产生故障的第一类为仪表本身故障，即仪表结构件或元器件损坏引起的故障；第二类为外界原因引起的故障，如安装不妥流动畸变、沉积和结垢等。

按故障外界源头分析来自三个方面：①管道系统和安装等方面引起的；②环境方面引起的；③流体方面引起的。其中第一个方面主要在调试期表现出来，而后两个方面则在调试期和运行期均会出现。

（1）调试期故障。

1）管道系统和安装等方面。通常是电磁流量传感器安装位置不正确引起的故障，常见的有将流量传感器安装在易积聚潴留气体的管网高点；流量传感器后无背压，液体径直排入大气，形成其测量管内非满管；装在自上向下流的垂直管道上，可能出现排空等原因。

2）环境方面。主要是管道杂散电流干扰、空间电磁波干扰、大电机磁场干扰等。管道杂散电流干扰通常采取良好单独接地保护可获得满意测量，但如遇管道有强杂散电流（如电解车间管道）亦不一定能克服，须采取流量传感器与管道绝缘的措施。空间电磁波干扰一般经信号电缆引入，通常采用单层或多层屏蔽予以保护，但也曾遇到屏蔽保护还不能克服。

3）流体方面。流体含有均匀分布细小气泡通常不影响正常测量，唯所测得体积流量是液体和气体两者之和时，由于气泡增大会使输出信号波动，若气泡流过电极遮盖整个电极表面，使电极信号回路瞬时断开，输出信号将产生更大波动。

低频矩形波励磁电磁流量计测量液体中含有固体超过一定含量时将产生液噪声，输出信号亦会有一定程度波动。

两种或两种以上液体作管道混合工艺时，若两种液体电导率（或各自与电极间电位）有差异，在混合未均匀前即进入流量传感器进行流量测量，输出信号亦会产生波动。

电极材质与被测介质选配不善，产生钝化或氧化等化学作用，电极表面形成绝缘膜，以及电化学和极化现象等，均会妨碍正常测量。

（2）运行期故障。经初期调试并正常运行一段时期后，在运行期间出现的故障，其常见原因有：流量传感器内壁附着层、雷电击、环境条件变化。

1）内壁附着层。由于电磁流量计测量含有悬浮固相或污脏体的机会远比其他流量仪表多，出现内壁附着层产生的故障概率也就相对较高。若附着层电导率与液体电导率相近，仪表还能正常输出信号，只是改变流通面积，形成测量误差的隐性故障；若是高电导率附着层，电极间电动势将被短路；若是绝缘性附着层，电极表面被绝缘而断开测量电路。后两种现象均会使仪表无法工作。

2）雷电击。雷电击在线路中感应瞬时高电压和浪涌电流，进入仪表就会损坏仪表。雷电击损坏仪表有三条引入途径：电源线、传感器与转换器间的流量信号线和励磁线。然而从雷电故障中损坏零部件的分析，引起故障的感应高电压和浪涌电流大部分是从控制室电源线路引入的，其他两条途径较少。还从发生雷击事故现场了解到，不仅电磁流量计出现故障，控制室中其他仪表也常常同时出现雷击事故。因此，使用单位要认识设置控制室仪表电源线防雷设施的重要性。

3）环境条件变化。主要原因与调试期故障环境方面相似，只是干扰源不在调试期出现而在运行期间再介入。例如一台接地保护并不理想的电磁流量计，调试期因无干扰源，仪表运行正常，然而在运行期出现新干扰源（例如测量点附近管道或较远处实施管道电焊），干扰仪表正常运行，出现输出信号大幅度波动。

第 3 节
习题及参考答案

1. 判断题

（1）根据 JJG 1033—2007《电磁流量计检定规程》，电磁流量计的工作原理是，在封闭管道中，设置一个与流动方向相垂直的磁场，通过测量导电液体在磁场中运动所产生的感应电动势推算出流量。（√）

（2）根据 JJG 1033—2007《电磁流量计检定规程》，流量计由一次装置和二次装置组成，按一次装置和二次装置的组合形式流量计可分为分体型和一体型。（√）

（3）根据 JJG 1033—2007《电磁流量计检定规程》，电磁流量计主要用于测量导电液体的体积流量。（√）

（4）根据 JJG 1033—2007《电磁流量计检定规程》，流量计的重复性不得超过相应准确度等级规定的最大允许误差绝对值的 1/3。（√）

（5）根据 JJG 1033—2007《电磁流量计检定规程》，检定最大允许误差绝对值等于小于 0.5% 的流量计，装置流量稳定度应优于 0.2%；对于最大允许误差绝对值大于 0.5% 的流量计，装置流量稳定度应优于 0.5%。（√）

（6）根据 JJG 1033—2007《电磁流量计检定规程》，检定中液体应始终充满试验管道，且为单相稳定无旋涡流动。（√）

（7）根据 JJG 1033—2007《电磁流量计检定规程》，检定用液体温度范围应在 4~35℃之间，每个流量点的每次检定过程中，液体温度变化应不超过 ±0.5℃。（√）

（8）根据 JJG 1033—2007《电磁流量计检定规程》，后续检定中，需要检查随机文件、标识及外观、密封性、相对示值误差、重复性。（√）

（9）根据 JJG 1037—2008《涡轮流量计检定规程》，涡轮流量计是一种流量测量仪表，流动流体的动力驱使涡轮叶片旋转，其旋转速度与体积流量近似成比例。（√）

（10）根据 JJG 1037—2008《涡轮流量计检定规程》，涡轮流量计首次检定和后续检定的检定项目均为外观及随机文件、示值误差、重复性。（√）

（11）根据 JJG 1037—2008《涡轮流量计检定规程》，流量计检定过程中，每个流量点的检定次数应不少于 3 次，对于精度等级优于 0.5 级的流量计，每个流量点的检定次数应不少于 6 次。（√）

（12）根据 JJG 1037—2008《涡轮流量计检定规程》，流量计的重复性不得超过相应准确度等级规定的最大允许误差绝对值的 1/3。（√）

（13）根据 JJG 1037—2008《涡轮流量计检定规程》，气体涡轮流量计至少应提供一个取压孔，以便能在检定条件下测量涡轮叶片处的静压力。（√）

（14）根据 JJG 1037—2008《涡轮流量计检定规程》，流量计应在可达到的最大检定流量的 70%~100% 范围内允许至少 5min，待流体温度、压力和流量稳定后方可进行正式检定。（√）

（15）根据 JJG 640—2016《差压式流量计检定规程》，节流件是指，为了上下游产生压力差而使用的具有收缩过流界面的部件。（√）

（16）根据 JJG 640—2016《差压式流量计检定规程》，示值误差检测方法是：通

过流量标准装置对差压式流量计整体进行实流检测，以确定流量示值误差方法。（√）

（17）根据 JJG 640—2016《差压是流量计检定规程》，几何检测法是：通过流量标准装置对差压装置进行实流检测，得到流出系数或流量系数。（×）

（18）在同一流量下，同一形式的节流件选择较小的压差力可以得到较高的测量灵敏度和准确度。（×）

（19）当流体通过节流装置时，被测介质的相态需保持不变。（√）

（20）涡轮流量计是从螺旋式叶轮流量计发展起来的一种速度式流量仪表。（√）

（21）按工作原理分，物位测量仪表可分为直读式、浮力式、静压式、电磁式、核辐射式、声波式等类型。（√）

（22）浮球式液位计的液位示值与被测量介质的密度有关。（×）

（23）按照工作原理，流量仪表大致可分为容积式、速度式和质量式三大类流量仪表。（√）

（24）由于被测流体可能混有杂物，所以为了保护流量计，必须加装过滤器。（√）

（25）在超声波流量计中，小管径传感器的声音发射频率高，大管径传感器中的声音发射频率低。（√）

（26）当被测液体中含有气泡时，不会影响电磁流量计的测量，但会影响超声波流量计的测量。（×）

（27）转子流量计的环型流通截面是变化的，基本上同流量大小成正比，但流过环形间隙的流速变化不大。（√）

（28）流体流过标准孔板时，流速在标准孔板的进口处收缩到最小。（×）

（29）标准喷嘴仅采用角接取压方式。（√）

（30）差压式流量计是由"节流装置或差压流量传感器"和"差压计或差压变送器及显示仪表"两部分组成。（√）

（31）差压式流量计是利用流体经过节流元件产生压力差来实现流量测量的。（√）

（32）对差压式流量计进行检定的量具和仪器的测量误差应不高于被测的量允许误差的 1/4。（×）

（33）现场取压导管，一般不允许水平敷设，至少要按大于 15° 的坡度进行敷设。（×）

（34）用差压计测量密闭容器液位时，需在取压管中装有隔离液，由于正负管隔离液重度相同而互相抵消，所以隔离液重度不影响迁移量及测量准确度。（×）

（35）转子流量计的环形通流截面在运行中是不随流量大小而变化的。（×）

（36）水电厂油位监测仪表精度要求一般为 0.5%~1.0%。（×）

（37）对泥沙含量测量元件的检定，可用标准试样测试或对实际量进行对比测试的方法检验。（√）

（38）电磁流量计不适合测量气体介质流量。（√）

（39）电磁流量计的应用有一定局限性，它只能测量导电介质的液体流量，不能测量非导电介质的流量，例如气体和水处理较好的供热用水。（√）

（40）电磁流量计是通过测量导电液体的速度确定工作状态下的体积流量。（√）

（41）超声波流量计是一种非接触式测量仪表，可用来测量不易接触、不易观察的流体流量和大管径流量。（√）

（42）超声波流量计划分为时差式超声波流量计、多普勒超声波流量计、非满管超声波流量计等。（√）

（43）流量计按介质分类：液体流量计和气体流量计。（√）

（44）差压式流量计是根据安装于管道中流量检测件与流体相互作用产生的差压，已知的流体条件和检测件与管道的几何尺寸来计算流量的仪表。（√）

（45）容积式流量计，又称定排量流量计，简称 PD 流量计，在流量仪表中是精度最高的一类。它利用机械测量元件把流体连续不断地分割成单个已知的体积部分，根据测量室逐次重复地充满和排放该体积部分流体的次数来测量流体体积总量。（√）

（46）超声流量计和电磁流量计一样，因仪表流通通道未设置任何阻碍件，均属无阻碍流量计，是适于解决流量测量困难问题的一类流量计，特别在大口径流量测量方面有较突出的优点，它是发展迅速的一类流量计之一。（√）

（47）明渠流量计以流速 - 水位运算法为基础，并采用了先进的流速测量仪和水位测量仪，从而确保测速和运算的准确性的一种新型智能化流量系统，根据渠道的宽度和测量精度的要求，采用单探头法或多探头法明渠测流的数学模型。（√）

（48）涡轮流量计是建立在动量矩守恒原理基础上的，流体冲击涡轮片，使涡

轮旋转，涡轮旋转的速度随流量的大小而变化，以涡轮的转数得到流量。（√）

（49）涡轮流量计由压力损失小、准确度高的特点，但是反应慢、涡轮转动惯性大。（×）

（50）流体具有膨胀性，当流体的温度升高时，流体所占用的体积会增加。（√）

（51）流体具有压缩性，当作用在流体上的压力增加时，流体所占用的体积会增加，其中液体的体积增加不明显。（×）

（52）流量表、水位计及差压变送器的导管一般应装排污阀门，以保持连接管路的清洁和畅通。（√）

（53）使用节流装置测量流量时，节流装置前的管道内必须加装整流器。（×）

（54）利用动压测量管测量流量时，实际上是通过测量流体平均流速，从而间接测量出其流量。（√）

（55）差压式流量测量系统由节流装置、差压变送器和显示记录仪表三部分组成。在计算流量表综合误差时，这三部分的误差都应包括。（×）

（56）差压流量计导压管路，阀门组成系统中，当负压侧管路或阀门泄漏时，仪表指示值将偏低。（×）

（57）涡轮流量计可以测气体和液体的流量，其特性不受流体的压力、温度、黏度、密度的影响。（√）

（58）流体在层流状态时不产生漩涡，所以涡轮流量计不能使用层流状态。（×）

（59）利用流体在节流元件前后的压力变化情况来测量流量的流量计，称为电容式流量计。（×）

2. 单项选择题

（1）根据 JJG 1037—2008《涡轮流量计检定规程》，涡轮流量计的检定周期一般为 2 年，准确度等级不低于 0.5 级的检定周期为（A）年。

A.1　　　　　B.0.5　　　　　C.1.5　　　　　D.2

（2）根据 JJG 1037—2008《涡轮流量计检定规程》，1.0 级别的气体涡轮流量计在规定的流量范围内，其分界流量上、下的最大允许误差为（B）。

A.0.5%，1.0%　　　B.1.0%，2.0%　　　C.1.0%，1.5%

（3）根据 JJG 1037—2008《涡轮流量计检定规程》，液体涡轮流量计的几个准确度等级下，最低的准确度等级和最大允许误差是（B）。

　　A.0.5，0.5%　　　　B.1.0，1.0%　　　　C.1.0，2.0%　　　　D.2.0，2.0%

（4）根据 JJG 1033—2007《电磁流量计检定规程》，流量计的重复性不得超过相应准确度等级规定的最大允许误差绝对值的（B）。

　　A.1/2　　　　　　　B.1/3　　　　　　　C.1/4

（5）根据 JJG 1033—2007《电磁流量计检定规程》，流量计的首次检定和后续检定的检定项目外观及随机文件、示值误差、（C）。

　　A. 稳定性　　　　　B. 可靠性　　　　　C. 重复性

（6）根据 JJG 1033—2007《电磁流量计检定规程》，流量计鉴定次数要求，对于使用相对示值误差的流量计，准确度等级不低于 0.2 级的每个流量点的重复检定次数应不少于（C）次。

　　A.3　　　　　　　　B.5　　　　　　　　C.6

（7）根据 JJG 1033—2007《电磁流量计检定规程》，流量计鉴定次数要求，对于使用相对示值误差的流量计，准确度等级低于 0.2 级的每个流量点的重复检定次数应不少于（A）次。

　　A.3　　　　　　　　B.5　　　　　　　　C.6

（8）根据 JJG 640—2016《差压式流量计检定规程》，差压式流量计主要由差压装置、差压变送器和（C）组成。

　　A. 流量计　　　　　B. 体积计　　　　　C. 流量积算仪

（9）根据 JJG 640—2016《差压式流量计检定规程》，差压式流量计主要用于（A）中满管单相流体流量的测量。

　　A. 封闭管道　　　　B. 开放管道　　　　C. 半封闭管道

（10）根据 JJG 640—2016《差压式流量计检定规程》，计量性能要求分为三个部分，分别为：几何检测法计量性能要求，系数检测法计量性能要求，（A）。

　　A. 示值误差检测法计量性能要求　　　　B. 最大误差检测法计量性能要求

（11）根据 JJG 640—2016《差压式流量计检定规程》，经典文丘里管流出系数的相对不确定度最小的是（A）经典文丘里管。

    A."铸造"收缩段   B.机械加工收缩段   C.粗焊铁板收缩段

（12）根据 JJG 640—2016《差压式流量计检定规程》，经典文丘里管流出系数的相对不确定度最大的是（C）经典文丘里管。

    A."铸造"收缩段   B.机械加工收缩段   C.粗焊铁板收缩段

（13）根据 JJG 640—2016《差压式流量计检定规程》，在使用过程中，流量计必须要检查的项目有随机文件标识及外观、（A）。

    A.流量计参数   B.相对示值误差   C.重复性

（14）根据 JJG 640—2016《差压式流量计检定规程》，示值误差检测法检测的差压式流量计的检定周期一般不超过（A）年。

    A.1   B.2   C.4

（15）根据 JJG 640—2016《差压式流量计检定规程》，几何检测法检测的标准节流件的检定周期一般不超过（B）年。

    A.1   B.2   C.4

（16）用压力法测量开口容器液位时，液位的高低取决于（B）。

    A.取压点位置和容器横截面

    B.取压点位置和介质密度

    C.介质密度和横截面

（17）差压式水位计中水位差转换装置输出差压与被测水位的关系是（D）。

    A.水位与差压成非线性   B.水位与差压成反比

    C.水位与差压成对数关系   D.水位与差压成线性

（18）浮筒式液位计所测液位越高，则浮筒所受浮力（C）。

    A.越大   B.越小   C.不变   D.不一定

（19）操作温度下不结晶、不黏稠，但在环境温度下可能结晶或黏稠的液体，应选用（A）。

    A.内浮筒液位计   B.外浮筒液位计   C.两者均可

（20）在标准节流件中，孔板的压损最大。在电厂中，为保证运行的经济性，对压损有严格限制，压损一般不允许超过（A）kPa。

A.60　　　　　　　　B.40　　　　　　　　C.80　　　　　　　　D.100

（21）转子流量计中流体流动方向是（B）。

A. 自上而下　　　　B. 自下而上　　　　C. 都可以

（22）在管道上安装孔板时，如果将方向装反将会造成（B）。

A. 差压计倒指示　　　　　　　　B. 差压计指示变小

C. 差压计指示变大　　　　　　　D. 对差压计指示无影响

（23）用于测量流通量的导压管线，阀门组回路中，当正压侧阀门或导压管泄漏时，仪表示值将（A）。

A. 降低　　　　　　B. 升高　　　　　　C. 不变

（24）用孔板测量流量，孔板应装在调节阀（A）。

A. 前　　　　　　　B. 后　　　　　　　C. 任意位置

（25）差压式流量计，负压管线不畅，则仪表指示（A）。

A. 偏大　　　　　　B. 偏小　　　　　　C. 不变

（26）差压式流量计中节流装置输出差压与被测流量的关系为（D）。

A. 差压与流量成正比　　　　　　B. 差压与流量成反比

C. 差压与流量成线性关系　　　　D. 差压与流量的平方成正比

（27）标准节流装置适用于（B）。

A. 截面形状任意的管道，单相流体且充满管道

B. 截面形状为圆形的管道，单相流体且充满管道

C. 截面形状任意的管道，任何流体且充满管道

D. 截面形状为圆形的管道，单相流体不一定充满管道

（28）流体的流量与其压力成（C）关系。

A. 平方　　　　　　B. 立方　　　　　　C. 方根

（29）不属于差压式流量计主要组成部分的是（D）。

A. 节流装置　　　　B. 导压管　　　　　C. 变送器　　　　　D. 排污阀

（30）转子流量计是属于（B）流量计。

　A. 变压比　　　　　B. 恒压降　　　　　C. 恒压比

（31）涡轮流量变送器应（A）安装。

　A. 水平　　　　　B. 垂直　　　　　C. 无限制

（32）利用超声波测量流量的方法很多，根据对信号的检测方法，大致可分为多普勒法、相关法、波束偏移法和（B）。

　A. 时差法　　　　B. 传播速变法　　　C. 相差法　　　　D. 频差法

（33）相同差压下，压力损失最大的节流装置的名称是（B）。

　A. 喷嘴　　　　B. 孔板　　　　　C. 文丘利管

（34）标准孔板流量计前后直管道的要求分别为（C）。

　A.2d、4d　　　　B.4d、2d　　　　C.10d、5d　　　　D.5d、10d

（35）用差压法测量容器液位时，液位的高低取决于（C）。

　A. 容器上、下两点的压力差

　B. 压力差、容器截面积和介质密度

　C. 压力差、介质密度和取压点位置

（36）差压式流量计是以（A）和流动连续性方程为依据进行测量的。

　A. 伯努利方程　　B. 阿基米德定理　　C. 格林定理

（37）在流量补偿中进行的压力、温度修正是修正的（A）。

　A. 系统误差　　　　B. 偶然误差　　　　C. 疏忽误差　　　　D. 随加误差

（38）超声流量计按照传播速度差法划分，最常用的测量原理是（A）。

　A. 时差法　　　　B. 多普勒频移法　　C. 相位差法　　　　D. 声循环法

（39）差压式流量计的流量公式是根据（A）和连续性方程推导出来的。

　A. 伯努利方程　　B. 压强方程　　　C. 流量守恒方程

（40）流量计选型的基本要求是（C）。

　A. 实际流量尽可能接近流量计下限

　B. 实际流量尽可能接近流量计上限

　C. 平衡考虑精度和压损，选择最适合用户要求的流量计

　D. 选取和用户工艺管道相同口径的流量计

（41）下列描述错误的是（A）。

A.科里奥利流量计可以直接测量密度

B.涡街流量计需要直管段

C.电磁流量计测量的介质一定要导电

（42）涡街流量计测量流量是采用（A）信号。

A.频率　　　　B.电压　　　　C.相位差　　　　D.电流

（43）通常情况下，涡街流量计输出信号是采用（B）信号。

A.模拟　　　　B.数字　　　　C.电流　　　　D.电压

（44）电磁流量计测量流量是采用（B）信号。

A.频率　　　　B.电压　　　　C.相位差　　　　D.电流

（45）电磁流量计是一种（C）流量计。

A.体积式　　　　B.差压式　　　　C.速度式　　　　D.质量式

（46）转子流量计中流量流动方向是（B）。

A.自上而下　　　　B.自下而上　　　　C.都可以

（47）差压式流量计启动时，先开（B），使正、负压室相通，再打开正、负压门，最后关闭平衡门，使仪表投入运行。

A.一次门　　　　B.平衡门　　　　C.二次门　　　　D.排污门

（48）在节流装置的流量测量中进行温度、压力等修正，是修正什么误差（C）。

A.引用误差　　　　B.附加误差　　　　C.系统误差　　　　D.随机误差

（49）在测量能引起节流件堵塞的介质流量时，应进行（A）。

A.定期清洗　　　　B.周期检定　　　　C.疏通　　　　D.解体检查

（50）节流装置是将流量信号转换成（C）信号的装置。

A.电流　　　　B.电压　　　　C.差压　　　　D.脉冲

（51）差压式流量测量系统中，低压侧阀漏将会造成（B）。

A.流量指示变小

B.流量指示变大

C.流量无法指示

D.无变化

（52）用孔板测量流量，孔板应安装在调节阀（A）。

A. 前　　　　　　B. 后　　　　　　C. 进口处　　　　　　D. 任意位置

（53）玻璃液位计是根据（B）原理工作的。

A. 阿基米德　　　B. 连通器　　　　C. 牛顿定律　　　　　D. 万有引力

（54）浮筒式液位计所测液位越高，则浮筒所受浮力（C）。

A. 越大　　　　　B. 越小　　　　　C. 不变　　　　　　　D. 不一定

（55）用压力法测量开口容器液位时，液位的高低取决于（B）。

A. 取压点位置和容器大小　　　　　　B. 取压点位置和介质密度

C. 介质密度和横截面　　　　　　　　D. 取压点的位置和容器界面

3. 多项选择题

（1）根据 JJG 1033—2007《电磁流量计检定规程》，流量计的随机文件应包括（AB）。

A. 流量计的使用说明书　　　　　B. 周期检定流量计的前次检定证书

C. 流量计的设计报告

（2）根据 JJG 1033—2007《电磁流量计检定规程》，流量计的首次检定和后续检定的检定项目均为（ABC）。

A. 外观及随机文件　　　　B. 示值误差　　　　C. 重复性

（3）根据 JJG 640—2016《差压式流量计检定规程》，节流装置由以下几部分组成（ABC）。

A. 节流件　　　　B. 取压装置　　　　C. 前后测量管　　　　D. 差压装置

（4）根据 JJG 640—2016《差压式流量计检定规程》，差压装置由以下几部分组成（BCD）。

A. 节流件　　　　B. 取压装置　　　　C. 前后测量管　　　　D. 差压件

（5）根据 JJG 640—2016《差压式流量计检定规程》，差压流量计主要由（ABC）组成。

A. 差压装置　　　B. 差压变送器　　　C. 流量积算仪　　　D. 节流装置

（6）根据 JJG 640—2016《差压式流量计检定规程》，差压流量计以（AB）为依据，当被测介质流经差压件时，在其两侧产生差压，由差压与流量的关系，通过测量差压确定流体的流量。

　　A. 伯努利方程　　　　　B. 流动连续性方程　　　　　C. 压缩方程

　　（7）根据 JJG 640—2016《差压式流量计检定规程》，计量性能要求分为三个部分，分别为（ABC）。

　　A. 几何检测法计量性能要求

　　B. 系数检测法计量性能要求

　　C. 示值误差检测法计量性能要求

　　（8）根据 JJG 640—2016《差压式流量计检定规程》，流量计后续检定项目包括（ABCD）。

　　A. 随机文件、标识及外观　　　　B. 流量计参数

　　C. 相对示指误差　　　　　　　　D. 重复性

　　（9）根据 JJG 640—2016《差压式流量计检定规程》，流量计使用中检查项目包括（AB）。

　　A. 随机文件、标识及外观　　　　B. 流量计参数

　　C. 相对示指误差　　　　　　　　D. 重复性

　　（10）根据 GB/T 34049—2017《智能流量仪表　通用技术条件》，智能流量仪表由（ABC）、输出单元、人机接口、人机界面和通信接口等组成。

　　A. 流量传感器　　　　　　　　　B. 数据采集和处理

　　C. 存储单元　　　　　　　　　　D. 输入单元

　　（11）根据 JJG 1033—2007《电磁流量计检定规程》，对于电磁流量计而言，其检定时应包含以下流量点：（ABCDE）。

　　A.Q_{max}　　　　B.$0.75Q_{max}$　　　　C.$0.5Q_{max}$　　　　D.$0.25Q_{max}$　　　　E.Q_{min}。

　　（12）根据 JJG 640—2016《压差式流量计检定规程》，差压流量计中差压装置系数检测法的检定项目为检测差压装置的（AB）。

　　A. 流出系数　　　　B. 流量系数　　　　C. 流速参数

　　（13）根据 JJG 640—2016《压差式流量计检定规程》，差压流量计监测的环境条件应满足（ABC）。

　　A. 环境温度为 5~45℃　　　　　　　B. 环境湿度为 35%~95%

C. 大气压为 86~106kPa   D. 海拔为 0~2000m

（14）根据 JJG 1037—2008《涡轮流量计检定规程》，液体涡轮流量计准确度等级划分如下：（ABCD）。

A. 0.1   B. 0.2   C. 0.5   D. 1.0

（15）根据 JJG 1037—2008《涡轮流量计检定规程》，涡轮流量计首次检定和后续检定的检定项目均为（ABCD）。

A. 外观   B. 随机文件   C. 示值误差   D. 重复性

（16）超声流量计按测量原理可分为（ABCD）。

A. 传播速度差法   B. 多普勒法   C. 声束偏移法   D. 相关法

（17）差压式流量计的主要组成部分是（ABC）。

A. 节流装置   B. 压差信号管路   C. 显示仪表   D. 控制装置

（18）电磁流量计的特点是能够测量（ABC）等液体介质的流量。

A. 酸溶液   B. 碱溶液

C. 盐溶液   D. 纯净水

（19）浮子流量计的特点是（ABC）。

A. 玻璃锥管浮子流量计结构简单，使用方便

B. 适用于小管径和低流速

C. 压力损失较低

D. 耐压力高，适用于高压情况下的流量计量

（20）电磁流量计优点有（ABCD）。

A. 电磁流量计可用来测量工业导电液体或浆液

B. 无压力损失

C. 测量范围大，电磁流量变送器的口径从 2.5mm~2.6m

D. 电磁流量计测量被测流体工作状态下的体积流量，测量原理中不涉及流体的温度、压力、密度和黏度的影响

（21）超声波流量计的优点有（ABC）。

A. 可做非接触式测量

B. 为无流动阻挠测量，无压力损失

C. 可测量非导电性液体，对无阻挠测量的电磁流量计是一种补充

D. 多普勒法测量精度高

（22）超声波流量计的缺点有（AB）。

A. 传播时间法只能用于清洁液体和气体，而多普勒法只能用于测量含有一定量悬浮颗粒和气泡的液体

B. 多普勒法测量精度不高

C. 为无流动阻挠测量，压力损失大

D. 做接触式测量

（23）差压式流量计，目前使用最广泛的节流件有哪两个（AB）。

A. 孔板 　　　　　 B. 喷嘴 　　　　　 C. 文丘里管

（24）电磁流量计测量时需要有一个恒定的磁场，目前三种励磁方式为（ABC）。

A. 直流励磁 　　　　　　　　 B. 交流励磁

C. 低频方波励磁 　　　　　　　 D. 脉冲励磁

（25）压差流量计中压差信号管路的敷设，应注意的问题有（ACD）。

a. 管道内径不小于 8~12mm

b. 管路应尽可能短，越短越好

c. 仪表管应保持垂直

d. 信号管路所经之处不得受热源的影响

（26）差压流量计指示数据在 0 以下，可能原因为（ABC）。

A. 高低压管路反接

B. 信号线路反接

C. 高压侧管路严重泄漏或破裂

D. 低压侧管路不严密

（27）差压流量计指示超出标尺上限，可能原因为（ABC）。

A. 实际流量超过设计值

B. 低压侧管路严重泄漏

C. 信号线有断线

D. 高压侧管路严重泄漏

（28）差压流量计流量变化迟钝，可能原因为（AB）。

A. 连接管路及阀门有堵塞

B. 差压计内部有故障

C. 流量参数本身波动太大

（29）电磁流量计输出值波动，可能原因为（ABCD）。

A. 外界电磁环境干扰

B. 管道内介质不纯，有气泡

C. 流量参数本身波动太大

D. 测量管道或液体的振动大

（30）液位测量属于物位测量的一种，按照工作原理划分有（ABCD）。

A. 差压式　　　　　B. 浮子式　　　　　C. 电量式　　　　　D. 声波式

（31）液位检测总体上可分为（AB）。

A. 直接检测　　　B. 间接检测　　　C. 快速检测

（32）浮子式水位计，按照水位编码方式可以划分为（AB）。

A. 增量型　　　　B. 全量型　　　　C. 渐变型

（33）浮子式水位计的浮子式水位感应系统由哪些组成（ABCD）。

A. 浮子　　　　　B. 水位轮　　　　C. 悬索　　　　D. 平衡锤

（34）按照编码原理，浮子式水位计编码划分为（ABC）。

A. 机械编码式　　B. 光电编码式　　C. 磁电编码式

（35）水位计的分辨力应在（AB）中选取。

A.0.1cm　　　　　　B.1.0cm　　　　　　C.10cm

（36）水位测量准确度中，精度等级为1、2、3级的水位计，其最大允许测量误差分别为（ACD）。

A.0.3cm　　　　　B.0.5cm　　　　　C.1.0cm　　　　　D.2.0cm

（37）水位测量准确度中，精度等级为1、2、3级的水位计，其灵敏阈（阈值）分别为（BD）。

A.1.0mm　　　　　B.1.5mm　　　　　C.2.0mm　　　　　D.5.0mm

（38）超声波液位计按照传声介质的不同，可划分为（ABC）。

A. 气介质　　　　B. 液介质　　　　C. 固介质

（39）液位计通常有（ABC）三部分组成，具有控制作用的液位计还设置有设定机构。

A. 传感器　　　　B. 转换器　　　　C. 指示器　　　　D. 操动机构

（40）液位计检定方法有（AB）。

A. 用液位计水箱检定装置检定

B. 用模拟液位的检定方法

C. 用万用表检定

4. 综合应用题

（1）根据 JJG 640—2016《差压式流量计检定规程》，简述差压流量计使用示值误差法进行检定的标准装置、检测项目、检测方法、检定点、检定周期。

答：标准装置：流量标准装置及其配套仪器均应有有效的检定或校准证书；流量计前后应具有足够长的直管段，在流量计的下游应有一定的背压；装置的扩展不确定度不大于流量计最大允许误差绝对值的 1/3。

检定方法：流量计各测量点单次检测的相对示值误差按照公式计算

$$E_{ij} = \frac{Q_{ij} - (Q_s)_{ij}}{(Q_s)_{ij}} \times 100\%$$

$$E_{ij} = \frac{q_{ij} - (q_s)_{ij}}{(q_s)_{ij}} \times 100\%$$

流量计各流量点的重复性按照下式进行计算

$$(E_r)_i = \left[\frac{1}{n-1} \cdot \sum_{j=1}^{n} \left(E_{ij} - E_i \right)^2 \right]^{\frac{1}{2}} \times 100\%$$

检定项目：示值误差检测法的检定项目为测量差压式流量计流量的示值误差和重复性。

检定点：不少于 5 个，分别为 Q_{max}、$0.75Q_{max}$、$0.5Q_{max}$、$0.25Q_{max}$、Q_{max}。

检定次数：每个流量点至少检测 3 次。

检定周期：示值误差发检测差压式流量计的检定周期一般不超过 1 年。

（2）根据 JJG 1037—2008《涡轮流量计检定规程》，示值误差检定前有哪些准备工作？

答：1）运行前检查。连接、开机、预测，按流量计说明书中指定的方法检查流量计相关参数。

2）流量计应在可达到的最大检定流量的 70%~100% 范围内运行至少 5min，待流体温度、压力和流量稳定后方可进行正式检定。

（3）根据 JJG 1037—2008《涡轮流量计检定规程》，简述示值误差检定的方法。

答：1）把流量调到规定的流量值，稳定后，启动装置（或装置的记录功能）和被检流量计（或被检流量计的输出功能）。

2）记录标准装置和被检流量计的初始示值，按装置操作要求运行一段时间后，同时停止标准装置（或标准装置的记录功能）和被检流量计（或被检流量计的输出功能）。

3）记录标准装置和被检流量计的最终示值。

4）分别计算流量计和标准装置记录的累积流量值或瞬时流量值。

（4）根据 JJG 1037—2008《涡轮流量计检定规程》，简述流量计最大误差的确定方法。

答：气体涡轮流量计的最大示值误差为不同流量段内各检定点示值误差值中绝对值为最大的检定点的示值误差，液体涡轮流量计的最大示值误差为全量程内各检定点示值误差值中绝对值为最大的检定点的示值误差。

流量计的相对示值误差 E 为流量计各流量点的相对示值误差中的最大误差。

（5）根据 JJG 1033—2007《电磁流量计检定规程》，检定用液体有哪些要求？

答：1）检定用液体一般可采用不夹杂空气，无纤维、导磁性颗粒及其他可见颗粒的清洁水。

2）检定中液体应始终充满试验管道，且为单相稳定无旋涡流动。

3）检定用液体在管道系统和流量计内任一点上的压力应高于其饱和蒸汽压。对于易气化的检定用液体，在流量计的下游应有一定的背压。推荐背压为最高检定温度下检定用液体饱和蒸气压力的 1.25 倍。

4）检定用液体的电导率应在 5~500mS/m 范围内。

5）检定用液体温度范围应在 4~35℃之间，在每个流量点的每次检定过程中，液体温度变化不应超过 ±0.5℃。

（6）根据 JJG 1033—2007《电磁流量计检定规程》，检定环境条件要求有哪些？如温湿度、电源、磁场等。

答：环境温度：5~35℃；相对湿度：15%~85%；大气压力：86~106kPa。

交流电源电压应为（220±22）V，电源频率应为（50±2.5）Hz。

外界磁场应小到对流量计的影响可忽略不计。

（7）根据 JJG 1033—2007《电磁流量计检定规程》，简述电磁流量计工作原理、构造及用途。

答：1）工作原理：在封闭管道中，设置一个与流动方向相垂直的磁场，通过测量导电液体在磁场中运动所产生的感应电动势推算出流量。

2）构造及用途：流量计由一次装置和二次装置组成，按一次装置和二次装置的组合形式流量计可分为分体型和一体型；流量计主要用于测量导电液体的体积流量。

（8）根据 JJG 1033—2007《电磁流量计检定规程》，简述电磁流量计的引用误差。

答：对于用于瞬时流量指示的流量计误差表示也可使用引用误差，其最大允许误差系列应符合表"准确度等级和最大允许误差"的规定，其检定结果的表示中不再给出准确度等级，而使用其最大允许误差表示，且还应在最大允许误差后标注 FS，如 ±0.5%FS。

（9）用差压方式测量水轮机流量时应注意的基本操作是什么？

答：当采用差压变送器测量水轮机流量时，应注意高低压力接入的正确性；在充水情况下启用或退出，应先开三组阀的平衡阀，等两侧压力输入阀都打开（启用时）或关闭（退出时）后再关闭，以防测量元件过载。

（10）用差压变送器测量闭口容器的液位。已知 h_1=50cm，h_2=200cm，h_3=140cm，被测介质密度 ρ_1=0.85g/cm³，负压管内的隔离液为水，则变送器的调校范围和迁移量是多少？

解：仪表的量程 Δp 为

$\Delta p=h_2 \times \rho_1 \times g=200 \times 0.85 \times 980.7 \times （100/1000）=16671.9（Pa）$

当液位最低时，变送器正、负压室的受力为（不考虑容器内的工作压力）

$p_+=h_3 \times \rho_1 \times g=140 \times 0.85 \times 980.7 \times （100/1000）=11670.3（Pa）$

$p_-=（h_1+h_2+h_3）\rho_0 \times g=（50+200+140）\times 1 \times 980.7 \times （100/1000）=38247.3（Pa）$

（ρ_0 为水的密度）

则仪表的迁移量 p 为 $p=p_+-p_-=11670.3-38247.3=-26577（Pa）$

因 $p_+<p_-$，故为负迁移。

仪表的调校范围为 $-26577\sim（-26577+16671.9）=-26577\sim-9905.1（Pa）$

（11）标准节流装置的选型原则是什么？

答：节流装置选型应综合考虑流体条件、管道条件、压损和运行准确度等要求。具体有：

1）必须满足测量准确度要求；

2）压力损失不应超过规定要求；

3）前后直管段应满足规定要求；

4）在满足测量精度的条件下，尽可能选择结构简单、性价比高的节流装置；

5）要考虑安装地点流体对节流装置的磨损和脏污条件；

6）要求现场安装方便。

（12）流量孔板为什么不能装反？

答：孔板安装正确时，其孔板缩口朝向流体前进的方向。流体在节流中心孔处局部收缩，使流速增加静压力降低，于是在孔板前后产生了静压差，该压差和流量成一定的函数关系。孔板装反后，其孔板入口端面呈锥形状，流体流经孔板时的收缩程度较正装时小，流速缩颈与孔板距离较正装时远，流体流经孔板后端面时速度比正装时小，使孔板后压力较大，导致了孔板前后差压变小，其流量值随之减小，影响流量测量的准确性。

（13）测量物位仪表按其工作原理主要有哪些类型？

答：直读式物位仪表、差压式物位仪表、浮子式物位仪表、电磁式物位仪表、辐射式物位仪表、声波式物位仪表、光学式物位仪表。

（14）超声波液位计有什么优点和缺点？

答： 优点：超声波液位计可以定点和连续的测量，很方便地提供遥测和遥控信号，又有很大的适应性，对介质的状态无苛求，其传播速度并不直接与媒介的介电常数、电导率，热导率有关，且经济耐用，使用与安装方便。

缺点：不能测量有气泡及悬浮物的液位，在液面有较大的波动时于测量不利，使测量带来误差。

（15）涡轮流量计的特点有哪些？

答： 涡轮流量计具有压力损失小、准确度高、反应快、流量量程比宽、抗振动与抗脉动流性能好、输出脉冲信号、易与计算机配套等特点，但是涡轮流量计易受年度变化的影响，不适用于流量变化频繁的场合。

（16）流量计一般选型可以从五个方面进行考虑，这五个方面为流量计仪表性能方面、流体特性方面、安装条件方面、环境条件方面和经济因素方面。这五个方面的详细因素有哪些？

答： 仪表性能方面：准确度、重复性、线性度、范围度、流量范围、信号输出特性、响应时间、压力损失等。

流体特性方面：温度、压力、密度、黏度、化学腐蚀、磨蚀性、结垢、混相、相变、电导率、声速、热导率、比热容，等熵指数。

安装条件方面：管道布置方向，流动方向，检测件上下游侧直管段长度、管道口径，维修空间、电源、接地、辅助设备（过滤器、消气器）、安装等。

环境条件方面：环境温度、湿度、电磁干扰、安全性、防爆、管道振动等。

经济因素方面：仪表购置费、安装费、运行费、校验费、维修费、仪表使用寿命、备品备件等。

（17）流量计仪表选型的一般步骤有哪些？请按顺序列。

答： 1）依据流体种类及性能方面、流体特性方面、安装条件方面、环境条件方面和经济因素五个方面考虑因素初选可用仪表类型（要有几种类型以便进行选择）。

2）对初选类型进行资料及价格信息的收集，为深入的分析比较准备条件。

3）采用淘汰法逐步集中到1~2种类型，对五个方面因素要反复比较分析最终确定预选目标。

（18）对流量计处于最小值、最大值、示指波动频繁三类情况的故障进行排查。

答：1）流量控制仪表系统指示值达到最小时，首先检查现场检测仪表，如果正常，则故障在显示仪表。当现场检测仪表指示也最小，则检查调节阀开度，若调节阀开度为零，则常为调节阀到调节器之间故障。当现场检测仪表指示最小，调节阀开度正常，故障原因很可能是系统压力不够、系统管路堵塞、泵不上量、介质结晶、操作不当等原因造成。若是仪表方面的故障，原因有：孔板差压流量计可能是正压引压导管堵；差压变送器正压室漏；机械式流量计是齿轮卡死或过滤网堵等。

2）流量控制仪表系统指示值达到最大时，则检测仪表也常常会指示最大。此时可手动遥控调节阀开大或关小，如果流量能降下来则一般为工艺操作原因造成。若流量值降不下来，则是仪表系统的原因造成，检查流量控制仪表系统的调节阀是否动作；检查仪表测量引压系统是否正常；检查仪表信号传送系统是否正常。

3）流量控制仪表系统指示值波动较频繁，可将控制改到手动，如果波动减小，则是仪表方面的原因或是仪表控制参数 PID 不合适，如果波动仍频繁，则是工艺操作方面原因造成。

（19）压差式流量计的优缺点是什么。

答：优点有：

1）应用最多的孔板式流量计结构牢固，性能稳定可靠，使用寿命长。

2）应用范围广泛，至今尚无任何一类流量计可与之相比拟。

3）检测件与变送器、显示仪表分别由不同厂家生产，便于规模经济生产。

缺点有：

1）测量精度普遍偏低。

2）范围狭窄，一般仅 3：1~4：1。

3）现场安装条件要求高。

4）压损大（指孔板、喷嘴等）。

（20）简述涡街流量计的测量原理和"卡门涡街"现象。

答：涡街流量计（又称旋涡流量计）是根据"卡门涡街"原理研制成的流体振

荡式流量测量仪表。所谓"卡门涡街"现象为：在测量管道流动的流体中插入一根（或多根）应流面为非流线型的旋涡发声体，当雷诺数达到一定值时，从旋涡发生体下游两侧交替地分离释放出两串规则地交错排列的旋涡，称为卡门涡街。

（21）说出目前电磁流量计存在的主要不足。

答： 1）不能用来测量气体、蒸汽以及含有大量气体的液体。

2）不能用来测量导电率很低的液体介质。

3）普通工业用电磁流量计由于测量管内衬材料和电气绝缘材料的限制，不能用于测量高温介质；如未经特殊处理，也不能用于低温介质的测量，以防止测量管外结露破坏绝缘。

4）电磁流量计易受外界电磁干扰的影响。

（22）什么是差压流量计？并简述其工作原理。

答： 差压流量计是根据安装于管道中流量检测件产生的差压，已知的流体条件和检测件与管道的几何尺寸，用以测量流量的仪表。由节流装置、上下游直管段和差压流量仪表组成。

工作原理，充满管道的流体流经管道内的节流装置，流束在节流件处形成局部收缩，从而使流速增加，静压力降低，于是在节流件前后产生了静压力差（或差压）。流体的流速越大，在节流件前后产生的差压也越大。

（23）有一浮筒液位变送器用来测量界面，其浮筒长度 $L=800mm$，被测液体的密度分别为 $1.2g/m^3$ 和 $0.8g/m^3$，试求输出分别为 0、100% 时所对应的灌水高度。

答： 最高界面，输出为 100% 时，对应的最大灌水高度

$$L_{max}=\frac{1.2}{1.0}\times 800=960(mm)$$

最低界面，输出为 0 时，对应最小灌水高度

$$L_{min}=\frac{0.8}{1.0}\times 800=640(mm)$$

（24）简述磁翻板液位计的工作原理。

答： 磁翻板液位计是根据浮力原理和磁耦合作用研制而成。当被测容器中的液位升降时，液位计本体管中的磁性浮子也随之升降，浮子内的永久磁钢通过磁耦合传递到磁翻柱指示器，驱动红、白翻柱翻转180°，当液位上升时翻柱由白色转变成为红色，当液位下降时翻柱由红色转变为白色，指示器的红白交界处为容器内部

液位的实际高度，从而实现液位清晰指示。

（25）校准应满足的基本要求是什么？

答：1）环境条件校准如在检定（校准）室进行，则环境条件应满足实验室要求的温度、湿度等规定。校准如在现场进行，则环境条件以能满足仪表现场使用的条件为准。

2）仪器作为校准用的标准仪器，其误差限应是被校表误差限的 1/3~1/10。

3）人员校准虽不同于检定，但进行校准的人员也应经有效的考核，并取得相应的合格证书，只有持证人员才能出具校准证书和校准报告，也只有这种证书和报告才认为是有效的。

（26）标准孔板和标准喷嘴有哪些特点？

答：我国国家标准规定的标准节流件为标准孔板和标准喷嘴。

标准孔板：其结构比较简单，加工方便，安装容易，省料，造价低，但压力损失较大。孔板入口边缘抗流体磨蚀的性能差，难以保证尖锐，孔板膨胀系数的误差也比喷嘴大。

标准喷嘴：结构较复杂，加工工艺要求高，测量范围大，需要直管段较短，压力损失较小，运行中对介质冲刷的敏感性低，耐磨蚀，使用寿命长。

第 4 章

温度

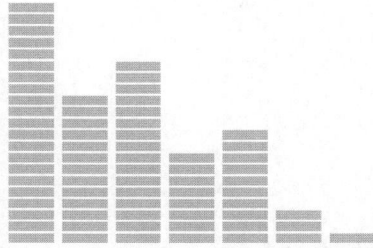

第 1 节

温度基础知识

1. 温度

温度是一个重要的物理量，它是国际单位制（SI）中 7 个基本物理量之一，也是工业生产主要的工艺参数，特别是在火电厂中，必须充分掌握机组各部分在运行中的温度参数（如机炉主蒸汽温度、给水温度、汽轮机汽缸壁温度、排烟温度等），才能保证机组的安全和经济运行。

在日常生活中，人们常用"温度"这个物理量来表示物体的冷热程度，也就是说温度是衡量物体冷热程度的物理量。从能量角度来看，温度是描述不同自由度间能量状况的物理量；从热平衡的观点来看，温度是描述热平衡系统冷热程度的物理量，分布温度的高低，也可由人的器官感觉出来，但这很不可靠，也不准确，用人的感觉来判断或测量温度是不科学的。由于温度计量不能像长度计量那样简单地采用叠加的办法，例如两根 1m 长的木棒接在一起长度为 2m，而两壶 100℃的水倒在一起，水的温度仍是 100℃绝不是 200℃。如此看来，温度是一个特殊的物理量。而国际单位制中其他六个物理量称为"广延量"，它们可以叠加。因此要测量温度，不可能用简单直观方法，只能借助于某种物质随温度变化的特性，因而就有了各种各样的温度计，但这些温度计只能在某一温区范围内测量温度。比如工业用水银温度计的量限为（-50~600）℃，工业热电阻温度计测量范围为（-200~850）℃。但迄今为止，还没有任何一种温度计能适应整个温度范围。

2. 温标

（1）温标的三要素。前面说过，温度是表征物体冷热程度的物理量。冷热程度用感觉是不能从量值上描述温度高低的。衡量温度的高低必须建立一把温度的标尺，建立一种用数值来表示温度的方法，简称温标。温度的高低必须用数字来说明，温标就是温度的数值表示方法。通常把温度计、固定点和内插公式称为温标的三要素。随着技术的进步和人类认知程度的提高，温标也是在不断完善。历史上曾经出现过许多温标，经验温标、热力学温标和国际温标。建立在热力学第二定律基础上的热力学温标为温标的国际化奠定了基础。经历了一个多世纪的温标更替，目前在国际范围内推行的是1990年国际温标（ITS-90），它也是一种由国际协议而采用的易于高精度复现，并在现阶段的知识和技术水平范围内尽可能接近热力学温度的经验温标。随着技术水平和认知程度的提高，必将有新的国际温标出现。

（2）固定点。ITS-90的定义固定点分别为氦、平衡氢、氖、氧、溴、汞、水、镓、铟、锡、锌、铝、银、金、铜等15种物质的蒸汽压力点、三相点、气体温度计测定点、熔点和凝固点作为固定点。

（3）标准仪器。标准仪器（按温区划分）：

1）（0.65~5.0）K，用3He和4He蒸汽压力式温度计；

2）（3.0~24.5561）K，用^{3}He和^{4}He定容气体温度计；

3）（13.803~1234.93）K，用铂电阻温度计；

4）1234.93K以上，用光学或光电高温计。

（4）内插公式。ITS-90各温度范围内的内插公式分得比较细，而且可以跨范围或交替使用。共分为六个范围：

1）（0.65~5.0）K；

2）（3.0~24.5561）K；

3）（13.8033~1234.93）K；

4）（0~1234.93）K；

5）（234.32~302.91）K；

6）1234.93K以上的温度范围。

六个大范围又划分了若干个温区，用内插公式进行连接，在（13.8033~1234.99）K范围内的内插公式已全部采用铂电阻温度计电阻比（W）表示的参数函数（偏差函数），且用水三相点电阻值，见式（4-1）

$$W（T_{90}）=R（T_{90}）/R_{tp} \tag{4-1}$$

热力学温度（符号T）的单位是开尔文（符号K），是国际单位制（SI）单位的七个基本单位之一，也是我国法定计量单位采用的计量单位。定义为水三相点热力学温度的 1/273.16。过去的温标定义中曾经用摄氏温度，它表示与 273.15K（冰点温度）的差值，现在仍然保留这个方法，用这种方法表示的热力学温度称为摄氏温度（符号 t），单位是摄氏度（符号℃）。热力学温度和摄氏温度之间的数值换算关系见式（4-2）

$$T/K = t/℃ + 273.15 \tag{4-2}$$

有了国际温标，温度测量就有了统一的标准。温标是通过各种仪器仪表来实现的，同样，仪表只有符合温标要求才有价值。

水三相点：水的三相（固、液、气）共存的温度。是在 0.01℃、压强为 610.75Pa 且在冰、水和饱和蒸汽三相共存的条件下。

第 2 节
温度测量仪表分类

温度测量仪表按其测温的方式分为接触式和非接触式两类（见图 4-1），其优缺点见表 4-1。一般来说，接触式仪表比较简单，可靠，价格低廉，可直接读数，比较方便，并且是非电量测量方式，适应于防爆场合。但由于测温元件与被测介质需要进行充分的热交换，需要一定时间才能达到热平衡，所以将存在测温的热迟滞现象，而且测温元件容易破坏被测对象的温度场，并有可能与被测介质产生化学反应。同时，由于受到耐高温材料的限制，也不能应用于很高的温度测量。

非接触式仪表测温元件不需要与被测介质接触，其测温范围很广，原理上不受温度上限的限制，也不会破坏被测介质的温度场，反应速度一般比较快，动态响应特性一般较好。但受到物体的发射率、对象到仪表之间的距离、烟尘和水蒸气的影响，其测量误差较大。

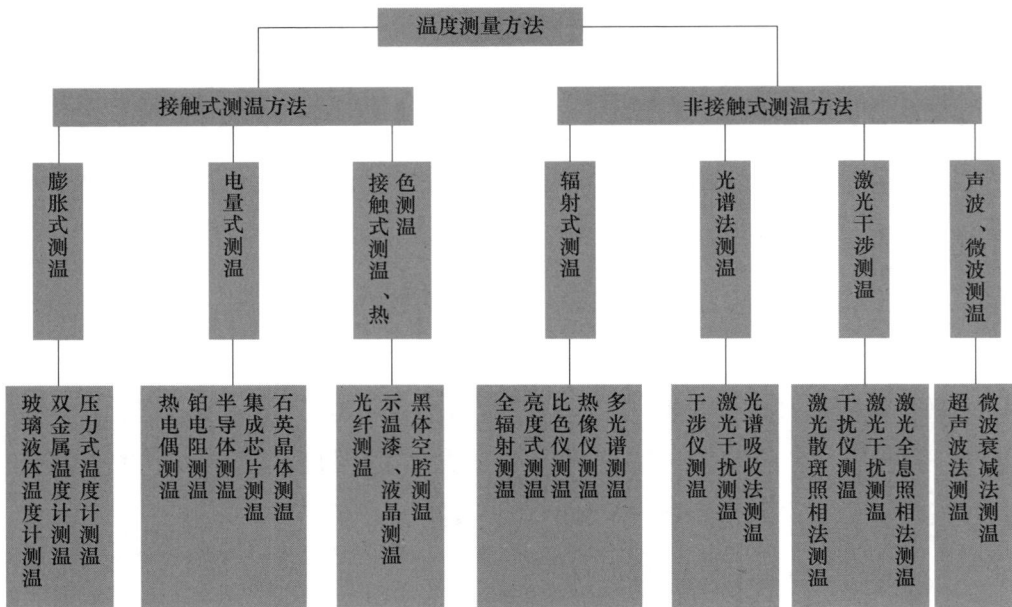

图 4-1 温度仪表分类

温度测量方法
- 接触式测温方法
  - 膨胀式测温
    - 玻璃液体温度计测温
    - 双金属温度计测温
  - 电量式测温
    - 压力式温度计测温
    - 热电偶测温
    - 铂电阻测温
    - 半导体测温
    - 集成芯片测温
  - 接触式测温、热色测温
    - 石英晶体测温
    - 示温漆、液晶测温
    - 光纤测温
- 非接触式测温方法
  - 辐射式测温
    - 全辐射测温
    - 亮度式测温
    - 比色测温
    - 热像仪测温
    - 多光谱测温
  - 光谱法测温
    - 干涉仪测温
    - 激光干涉测温
    - 光谱吸收法测温
  - 激光干涉测温
    - 激光散斑照相法测温
    - 干扰仪测温
    - 激光干扰照相法测温
    - 激光全息照相法测温
  - 声波、微波测温
    - 超声波法测温
    - 微波衰减法测温

表 4-1　　　　　　　　　　常用测温仪表种类及优缺点

测温方式	温度计种类		常用测温范围（℃）	优点	缺点
接触式测温仪表	膨胀式	玻璃液体	−50~600	结构简单、使用方便、测量准确、价格低廉	测量上限和精度受玻璃质量的限制，易碎不能记录和远传
		双金属	−80~600	结构紧凑、牢固可靠	精度低、量程和使用范围有限
	压力式	液体	−30~600	耐震、坚固、防爆、价格低廉	精度低、测温距离短、滞后大
		气体	−20~350		
		蒸汽	0~250		
	热电偶	铂铑－铂	0~1600	测温范围广，精度高，便于远距离、多点、集中测量和自动控制	需冷端温度补偿，在低温段测量精度较低
		镍铬－镍铝	0~900		
		镍铬－考铜	0~600		
	热电阻	铂	−200~500	测温精度高，便于远距离、多点、集中测量和自动控制	不能测高温，需注意环境温度的影响
		铜	−50~150		
		热敏	−50~300		

测温方式	温度计种类		常用测温范围（℃）	优点	缺点
非接触式测温仪表	辐射式	辐射式	400~2000	测温时，不破坏被测温度场	低温段测量不准，环境条件会影响测温准确度
		光学式	700~3200		
		比色式	900~1700		
	红外线	热敏探测	−50~3200	测温时，不破坏被测温度场，响应快，测温范围广	易受外界干扰，标定困难
		光电探测	0~3500		
		热电探测	200~2000		

第3节

热电偶温度计

热电偶温度计是以热电偶为测温元件，用热电偶测得与温度相应的热电势，再由温度仪表显示出温度的一种温度计。它广泛用于测量（−200~1800）℃范围内的温度。

1. 热电偶的特点

（1）优点：

1）热电偶可将温度转换为电信号进行检测。

2）结构简单，制造容易，价格便宜。

3）惰性小，准确度较高，测温范围广。

4）能适应各种测量对象的要求。

5）适用于远距离测量和自动控制。

（2）缺点：

1）测量准确度难以超过 ± 0.2℃。

2）必须有参比端，并且温度要保持恒定。

3）在高温或长期使用时，因受被测介质影响或气氛腐蚀而发生裂化。

热电偶是将两种不同材料的匀质金属丝（通常称为热电极）的一端接在一起，称为测量端，在热电极上套以氧化铝制成的绝缘套管，热电偶的另一端用接线柱固定在端子板上，称为参考端。如果使参考端保持恒定温度，热电偶的外部套以金属或陶瓷制成的保护套管，安装到测点处，即可测出其中介质的温度。

基于热能和电能互相转化的热电现象（塞贝克效应）：任何两种均质导体（或半导体）组成的热电偶，其热电势的大小仅与热电极的材料和两接点的温度 t、t_0 有关，而与热电偶的形状及几何尺寸无关。由热电偶产生的热电势（塞贝克电势）是由珀尔帖电势和汤姆逊电势所组成。

当两接点温度分别为 t、t_0 时，回路的热电势为

$$E_{AB}(t, t_0) = e_{AB}(t) + e_B(t, t_0) - e_{AB}(t_0) - e_A(t, t_0) \qquad (4-3)$$

$$E_{AB}(t, t_0) = e_{AB}(t) - e_{AB}(t_0) \qquad (4-4)$$

式中：$E_{AB}(t, t_0)$ 为热电偶回路的热电动势，mV；$e_{AB}(t)$ 为热电偶测量端的热电动势，mV；$e_{AB}(t_0)$ 为热电偶参考端的热电动势，mV；t 为热电偶测量端的温度，℃；t_0 为热电偶参考端的温度，℃。

国内外所颁布的各种热电偶分度表，都是以参考端温度在0℃为条件的。在使用热电偶进行测温时，也必须以参考端温度是0℃为条件。

2. 热电偶在应用中的基本定律

在实践中利用热电偶测量温度时，必然在热电偶回路中要引入连接导线和测温仪表。因此，必须掌握热电偶在应用中的四个基本定律。

（1）均质导体定律。由一种均质导体（或半导体）组成的闭合回路，不论导体（或半导体）的截面和长度以及各处的温度分布如何，都不能产生热电势。该定律说明：热电偶必须由两种不同性质的材料组成；由一种热电极材料组成的闭合回路内存在温差时，如果回路产生热电动势，就说明材料是不均匀的。根据此定律，可对热电偶的电极材料的均匀性进行检查。

（2）中间导体（中间金属）定律。在热电偶回路中，只要中间导体两端温度相

同，那么接入中间导体后，对热电偶回路的总热电势没有影响。

用热电偶测温时，显示仪表和连接导线都可作为中间导体。

根据中间导体定律（见图 4-2），只要显示仪表和连接导线两端的温度相同，它们对热电偶产生的热电势就没有影响。

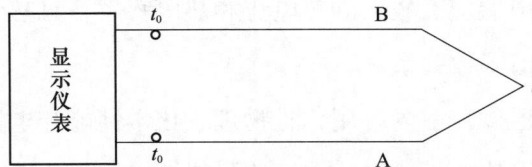

图 4-2　中间导体（中间金属）定律示意图

（3）中间温度定律。热电偶在接点温度为 t、t_0 时的热电势等于该热电势在接点温度为 t、t_n 和 t_n、t_0 时的代数和，其示意图见图 4-3。假定热电势除测量端 t 和参考端 t_0 外，在其中还有一对接点 t_n 时，就有式（4-5）

$$E_{AB}(t, t_0) = E_{AB}(t, t_n) + E_{AB}(t_n, t_0) \qquad (4-5)$$

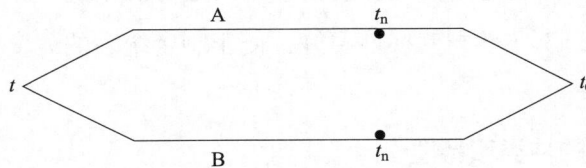

图 4-3　中间温度定律示意图

根据中间温度定律，只要有了热电偶参考端为 0℃ 的热电势和温度的关系（即热电偶分度表），热电偶就可以在任意参考温度下使用。

（4）连接导体定律。在热电偶回路中（见图 4-4），如果热电极 A、B 分别与连接导线 A′、B′ 相连接，接点温度分别为 t、t_n、t_0，则回路的热电势等于热电偶的热电势 $E_{AB}(t,t_n)$。如式（4-6）所示

$$E_{ABB'A'}(t, t_0) = E_{AB}(t,t_n) + E_{A'B'}(t_n,t_0) \qquad (4-6)$$

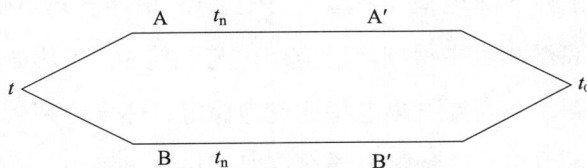

图 4-4　连接导体定律示意图

3. 热电偶的材料及性能要求

热电偶必须由两种不同材料的热电极组成。虽然理论上说任意两种导体（或半导体）都可以配制成热电偶，但是作为实用测温元件并不是所有的材料都适合制作热电偶。作为热电偶的材料应尽可能满足以下条件：

（1）配制成的热电偶应有较大的热电势和热电势率，且热势与温度之间呈线性关系或近似线性的单值函数关系。

（2）能在较宽的温度范围内应用，且物理、化学性能与电性都较稳定。用于测量高温的热电偶，要求热电极材料有较好的耐热性、抗氧化性、抗还原性和抗腐蚀性，这样才能在高温下可靠地工作。对于应用在核辐照场合中测温的热电偶材料，还要有较好的抗辐照性能。

（3）电导率越高，电阻温度系数和比热容越小。测量回路的电阻变化会影响仪表的指示值。如果热电极材料的电阻比仪表的内阻大得多，并且热电极电阻随温度变化也小，则测量回路的电阻变化就会很小，测温时误差就小。

（4）易于复制，工艺性与互换性要好，便于制定统一的分度表。资源丰富，价格低廉。

4. 常用热电偶的种类和特性

（1）铂铑10-铂热电偶（S型）。铂铑10-铂热电偶是一种贵金属热电偶，其热电性能稳定，抗氧化性能好，宜在氧化性、中性气氛及真空中使用。这种热电偶的不足之处是价格较贵，机械强度稍差，热电势较小，使用需配用灵敏度较高的显示仪表；此外，热电极不宜在还原性气氛、二氧化碳以及硫、硅、碳和碳化合物所产生的蒸气中使用。

（2）铂铑13-铂热电偶（R型）。铂铑13-铂热电偶的性能与铂铑10-铂热电偶基本一致，只是其稳定性和复现性更好些，机械强度略好，价格更贵些。

（3）铂铑30-铂铑6热电偶（B型）。铂铑30-铂铑6热电偶是一种高温热电偶，在钢水测温和高温测量中得到广泛应用。与铂铑10-铂热电偶比较，抗沾污能力好而且机械强度高，在高温下热电特性更为稳定，热电势率较小，测温时需要配用灵敏度较高的显示仪表。这种热电偶在室温下热电势极小，一般不需要进行参考端温度补正。

（4）镍铬-镍硅热电偶（K型）。镍铬-镍硅热电偶是目前使用最多的一种廉金属热电偶。500℃以下可在还原性、中性和氧化性气氛中可靠地工作，而在500℃以上只能在氧化性或中性气氛中工作。该热电偶的热电势率比铂铑10-铂热电偶高4倍以上，而且温度和热电势的关系近似直线。其不足之处是含镍量高，镍硅极有明显的磁性，不利于温度测量控制回路的设计。

（5）镍铬硅-镍硅热电偶（N型）。镍铬硅-镍硅热电偶是一种新型热电偶，热电性能与K型偶相似，但抗氧化性能和稳定性优于K型偶，其耐辐照和耐低温性能好。

（6）镍铬-铜镍热电偶（E型）。镍铬-铜镍热电偶的热电势和热电势率高，稳定性、均匀性好，价格便宜，适宜氧化性气氛中使用，不宜在卤族元素、还原性气氛以及含硫、碳气氛中使用。

（7）铁-铜镍热电偶（J型）。铁-铜镍热电偶的主要优点是可以在氧化性或还原性气氛中使用，因此在石油和化工等部门得到广泛应用。它的热电势率较大，约为53V/℃，热电特性近似线性，热电极中含镍量少，且价格低廉。其主要缺点是铁极易锈蚀，用发蓝处理的方法虽然能增加抗锈蚀能力，但还不能从根本上解决问题。

（8）铜-铜镍热电偶（T型）。由于这种热电偶的铜热电极易氧化，故一般在氧化性气氛中使用不宜超过300℃。其热电势率较大，且铜和铜镍都容易复制，质地均匀，价格低廉。在（-100~0）℃温度范围内这种偶可作标准仪器，其准确度达±0.1℃。铜-铜镍热电偶还可以用到-200℃以下的低温测量。热电特性良好，工业上通常用来测量300℃以下的温度。

5. 热电偶的补偿导线

热电偶热电势的大小取决于热电极材料以及两接点的温度，热电偶和显示仪表的分度都是以热电偶参考端温度为0℃作为前提的。由热电偶测温原理知道，只有当热电偶的冷端温度保持不变时，热电势才是被测温度的单值函数。

温度补偿：为使热电偶的热电势与被测温度成单值的函数关系，保证温度测量的准确，需进行冷端处理。

常用的方法有补偿导线、冷端温度计算修正法、冷端恒温法、模拟补偿法和数字补偿法。

补偿导线是在一定温度范围内（通常为 0~100℃）与所配热电偶的热电特性相同的、价格低廉的、带有绝缘层的热电偶。

热电偶的参考端与补偿导线连接，补偿导线与温度仪表连接，组成测量回路。补偿导线使用时必须注意以下几个方面：

（1）各种补偿导线只能与相应型号的热电偶配用。

（2）使用补偿导线时，切勿将其极性接反。补偿导线极错所产生的误差是不进行参考端补偿所产生误差的两倍。

（3）热电偶和补偿导线连接点的温度不得超过规定使用度范围。

（4）热电偶和补偿导线两连接点的温度必须相同。

JJF 1637—2017《廉金属热电偶校准规范》对补偿导线的要求为在（室温~70℃）范围内，允许偏差仅为 0.2℃。

6. 热电偶测温误差分析

（1）热交换的误差。用热电偶测温时，显示仪表反映出来的温度是热电偶测量端的温度值，它和被测介质的温度数值并不完全一致。这是因为在热电偶与被测介质和周围环境之间存在着复杂的热交换现象，要使热电偶测量端达到与被测介质相同的温度数值是不可能的，因而引起了测量误差。

（2）热电偶材料不均匀性引起的误差。均匀性是指热电极材料的化学成分、应力分布和晶体结构的均质程度。若热电极材料是非均质的，而热电板又处于温度梯度场中，则热电偶回路相当于由若干支不同性质的热电偶相串联而成，就会产生一个附加热电势，称为不均匀电势，不均匀电势大小取决于沿热电极长度的温度梯度分布状态、材料的不均匀形式和不均匀程度，以及热电势在温度场中所处的位置。不均匀热电势的存在会使热电偶的热电特性发生变化，从而降低测温的准确性。有时材料不均匀性引起的误差是很可观的。同时也严重地影响着热电势的稳定性和互换性。

（3）分度误差。工业上常将热电特性符合一定规范的热电极组成各种热电偶，对它们的热电势－温度特性进行测定，并通过分析、计算得出这些热电偶的平均热电势－温度特性关系，制成相应的分度表。由于热电偶的离散性，同一类热电偶的化学成分、微观结构以及应力都不尽相同。同时，热电偶在使用过程中，由于氧化腐蚀或挥发，弯曲应力以及高温下的再结晶等也都将使热电特性发生变化，这样就造成了热电偶的热电特性与分度表的热电特性值不相一致，我们把这种特性之间的差值称为分度误差。其分度误差要通过校验得知。

（4）补偿导线误差。补偿导线误差一般包括两个方面：一方面是由于补偿导线与所配用的热电偶在规定的工作温度范围内热电特性不一致而造成的。另一方面是因为补偿导线与热电偶连接处的两个接点温度不一致所造成的。这个误差应尽量避免。

（5）冷端温度引起的误差。工业上用的电子电位差计和电动调节仪表中的温度变送器配热电偶测温时是在电桥回路中设计一个铜电阻桥臂来补偿热电偶冷端温度变化，而动圈仪表是用冷端补偿器来自动补偿冷端温度的变化。但由于铜电阻是线性特性，而热电偶的热电特性是非线性的，只能在某两个点（如20℃和50℃）得到完全补偿，从而在其他点引起了误差。

（6）动态误差。当被测介质温度变化后，由于热电偶存在着热惯性，使测量仪表来不及反映变化了的温度，而产生的误差称为动态误差。在测量较稳定或变化缓慢的温度时动态误差小，而测量变化速度大，变化频繁的温度时动态误差大。为了减少动态误差可采用小惯性热电偶，即把热电偶的热端直接焊在保护管的底部或把热电偶的热端露出保护管外并采取对焊，则可大大减小热电偶的热惯性。热电偶的热惯性时间常数大的可达5~6min，而小惯性热电偶只有零点几秒。热电偶时间常数的大小是决定动态误差大小的主要因素，并与之成正比。同时，它对温度的自动调节和控制以及温度的快速测定起着相当重要的作用。

（7）绝缘不良引起的误差。在热电偶使用时，应注意两热电极间以及它们和大地之间均应有良好的绝缘，不然将会有热电势损耗，直接影响测量结果的准确性，严重时会影响仪表的正常运行。

7. 廉金属热电偶的校准

校准依据：JJF 1637—2017《廉金属热电偶校准规范》。

（1）范围。本规范适用于测量范围40~1200℃，长度不小于500mm，可拆卸的镍铬-镍硅（K 型）、镍铬硅-镍硅镁（N 型）、镍铬-铜镍（E 型）、铁-铜镍（J 型）廉金属热电偶（以下简称被校热电偶）的校准，其允许偏差见表 4-2。

表 4-2   热电偶允许偏差

名称	分度号	1 级	2 级
镍铬-镍硅热电偶	K	（-40~375）℃，±1.5℃； （375~1000）℃，±0.004t	（-40~333）℃，±2.5℃； （333~1200）℃，±0.0075t
镍铬硅-镍硅镁热电偶	N		
镍铬-铜镍热电偶	E	（-40~375）℃，±1.5℃； （375~800）℃，±0.004t	（-40~333）℃，±2.5℃
铁-铜镍热电偶	J	（-40~375）℃，±1.5℃； （375~1000）℃，±0.004t	（-40~333）℃，±2.5℃； （333~1200）℃，±0.0075t

注 t 为检测点的温度。

（2）校准条件。

1）环境条件。电测设备的环境温度和相对湿度应符合相关规定的要求；恒温设备工作的环境应无影响校准的气流扰动和外磁场的干扰。

2）测量标准。详细测量标准要求见表 4-3。

表 4-3   测量标准要求

序号	测量标准名称	测量范围	技术等级	备注
1	标准铂铑 10-铂热电偶	300℃以上	一等或二等	1 级被校热电偶的校准采用标准铂铑 10-铂热电偶
2	标准铂电阻温度计	（-196~419.527）℃	二等	

3）其他设备。其他设备要求见表 4-4。

表 4-4　　　　　　　　　　　　**其他设备要求**

序号	名称	技术要求	用途	备注
1	电测仪器	准确度等级不低于 0.01 级、分辨力不低于 0.1μV	校准 1 级被校热电偶时，测量热电势	—
		准确度等级不低于 0.02 级、分辨力不低于 1μV	校准 2 级被校热电偶时，测量热电势	
		准确度等级不低于 0.02 级、分辨力不低于 0.1mΩ	校准二等标准铂电阻温度计的电阻值	
2	恒温设备	（-400~300）℃，在有效工作区域内任意两点温差不大于 0.1℃	提供恒定的均匀温场	根据不同的校准温度范围，可选择与其相对应的满足该技术要求的恒温设备
		300℃以上，恒温设备为管式炉时，应配置好均温块。有效工作区域轴向 300mm 内，任意两点温差绝对值不大于 0.5℃；径向半径不小于 14mm 范围内，同一截面任意两点的温差绝对值不大于 0.25℃		
3	多点转换开关	各路寄生电势及各路寄生电势之差均不大于 0.5μV	切换各路的热电动势	—
4	参考段恒温器	恒温器深度应不小于 200mm，工作区域温度变化为（0±0.1）℃		—
5	补偿导线	温度范围：室温至 75℃，允许偏差 ±0.2℃	将被校热电偶信号输出端引至参考端恒温器	可用满足要求的其他设备

（3）校准项目。热电偶的热电动势和温度示值误差。具体校准方法参照 JJF 1637—2017《廉金属热电偶校准规范》。

8. 廉金属热电偶校准测量不确定度评定

（1）测量不确定度的评定步骤包含以下几部分内容：

1）提出测量问题；

2）建立数学模型；

3）评定各输入量 X_i 的不确定度；

4）求灵敏系数 c_i；

5）评定 y 的标准不确定度 $u_i(y)$；

6）计算 y 的合成标准不确定度 $u_c(y)$；

7）计算 y 的扩展不确定度 $U=ku_c(y)$。

（2）测量不确定度评定。

1）测量依据：JJF 1637—2017《廉金属热电偶校准规范》。

2）测量环境：温度（20±3）℃，湿度 ≤ 80%。

3）测量标准：二等标准铂铑 10-铂热电偶，编号：070603。

4）被测对象：工作用 K 型热电偶，编号：J2015300。

5）测量问题：根据国家检定规程，用本装置标准器二等标准铂铑 10-铂热电偶与被检偶（工作用 K 型热电偶）捆扎后放于管式检定炉中，热电偶冷端用室温补偿电阻进行跟踪补偿，用比较法测得标准与被检的热电势的值，从而得到被检热电偶的误差值。

6）检测方法：根据 JJF 1637—2017《廉金属热电偶校准规范》规定，本自动检定系统使用一支二等标准铂铑 10-铂热电偶与被检偶捆扎后放于管式检定炉中，热电偶冷端用经检定的测量导线经转换开关送至电测仪表。在达到检定点温度时，测量标准热电偶与被检热电偶的热电势，测量次数不少于四次，取各测得值的平均值来计算检定结果。以下是针对 K 型热电偶在 800℃点为例进行的分析。

7）灵敏系数：根据 JJF 1637—2017《廉金属热电偶校准规范》规定，被检热电偶的检定结果见式（4-7）

$$e_b(t) = \overline{e_b(t')} + \frac{e_s(t) - \overline{e_a(t')}}{S_c(t)} \times S_b(t) \qquad (4-7)$$

式中：$e_b(t)$ 为被校热电偶在某校准温度点的热电动势值，mV；$\overline{e_b(t')}$ 为被校热电偶在某校准温度点附近，测得的热电动势算术平均值，mV；$\overline{e_a(t')}$ 为标准热电偶在某校准温度点附近，测得的热电动势算术平均值，mV；$e_s(t)$ 为标准热电偶证书上该检定点的热电势值，mV；$S_b(t)$、$S_c(t)$ 分别为标准、被检偶在检定点的微分热电势值，mV/℃。

对式（4-7）各变量求全微分，灵敏系数为

$$c_1 = \frac{\partial e_b}{\partial \overline{e_b}} = 1; \quad c_2 = \frac{\partial e_b}{\partial e_s} = \frac{S_b}{S_c} = 3.772; \quad c_3 = \frac{\partial e_b}{\partial e_a} = -\frac{S_b}{S_c} = -3.772$$

注：上述 S_b、S_c 的数值根据被检偶重复性测量点温度去查表（例如：此处测试点为 800℃，分别查对应温度 S_b、S_c 数值），表见 JJF 1637—2017《廉金属热电偶校准规范》、JJG 141—2013《工作用贵金属热电偶》附录。

9. 标准不确定度评定

（1）输入量 $e_b(t')$ 的标准不确定度 $u(e_b)$ 的评定。被校热电偶重复性测量引入的 A 类标准不确定度 $u(e_b)$。用二等标准热电偶对被检工业热电偶（K 型）在 800℃上做 6 次重复性测量，求得单次实验标准差见表 4-5、式（4-8）、式（4-9）。

表 4-5   **工业热电偶 800℃时的检定重复性**

测试名称	工业热电偶 800℃时的检定重复性						
检定次数	1	2	3	4	5	6	平均值
检定结果（mV）	32.3762	32.3608	32.3436	32.3727	32.4012	32.3731	32.3713

$$S_d = 0.0189(\text{mV}) \tag{4-8}$$

$$u(e_b) = \frac{S}{\sqrt{6}} = 7.716(\mu\text{V}) \tag{4-9}$$

（2）输入量 $e_s(t)$ 的标准不确定度 $u(e_s)$ 的评定。

1）标准热电偶引入的 B 类不确定度 u_1。根据国家量传检定系统及有关院颁资料，二等标准铂铑 10- 铂热电偶在 800℃的扩展不确定度 $U=0.6$℃（$K=2$），800℃时微分电动势为 10.87 μV/℃，折算为热电动势 $U = 0.6 \times 10.87 = 6.522(\mu\text{V})$，按正态分布考虑，包含因子为 2.58，其不确定度为

$$u_1 = \frac{6.522}{2.58} = 2.528(\mu\text{V}) \tag{4-10}$$

2）标准热电偶年稳定性引入的不确定度 u_2。由规程 JJG 75—2022《标准铂铑 10- 铂热电偶检定规程》可知，标准热电偶（铜点）年稳定性小于等于 10μV，属于正态分布，包含因子为 3，则不确定度为

$$u_2 = \frac{10}{\sqrt{3}} = 5.774(\mu\text{V}) \tag{4-11}$$

3）输入量 $e_s(t)$ 的标准不确定度 $u(e_s)$ 的合成

$$u(e_s) = \sqrt{u_1^2 + u_2^2} = \sqrt{2.528^2 + 5.774^2} = 6.303(\mu\text{V}) \tag{4-12}$$

（3）输入量 $e_s(t)$ 的标准不确定度 $u(e_a)$ 的评定。

1）数字万用表引入的 B 类标准不确定度 u_1。系统采用 KEITHLEY4002961 型数字万用表，使用范围 100mV 挡，其测量误差为：±（0.005%× 读数 +0.0002%× 量程），被检偶（K 分度）在 800℃的电势值读数取平均值为 32.3713mV，误差为 $\Delta = \pm(0.005\% \times 32.3713 + 0.0002\% \times 100) = \pm 1.819(\mu V)$，按均匀分布考虑，则不确定度为

$$u_1 = \frac{1.819}{\sqrt{3}} = 1.0502(\mu V)$$ （4-13）

2）检定炉温场分布不均匀引入的 B 类标准不确定度 u_2。经检定炉径向温度不均匀测试最大差值为 0.2℃，800℃时 K 型热电偶微分热电动势为 41μV/℃，则折算为热电动势最大差值为$0.2 \times 41 = 8.2(\mu V)$，按均匀分布考虑，所以半宽为 4.1μV，包含因子为$\sqrt{3}$，则不确定度为

$$u_2 = \frac{4.1}{\sqrt{3}} = 2.3671(\mu V)$$ （4-14）

3）检定炉温度变化波动影响引入的 B 类不确定度 u_3。根据测试规范要求，在采样过程中炉内温场变化小于等于 0.2℃/min，从而保证在整个检定采样过程中将温场变化控制在 0.2℃以内，800℃时 K 型热电偶微分热电动势为 41μV/℃，则折算为温场电动势变化控制在$0.2 \times 41.24 = 8.248(\mu V)$，按均匀分布，包含因子为$\sqrt{3}$，则不确定度为

$$u_3 = \frac{8.248}{\sqrt{2}} = 5.8322(\mu V)$$ （4-15）

4）转换开关寄生电势引入的 B 类标准不确定度 u_4。本系统转换开关的寄生电势不大于 0.4μV，按均匀分布，半宽为 0.2μV，包含因子为$\sqrt{3}$，则不确定度为

$$u_4 = \frac{0.2}{\sqrt{3}} = 0.1414(\mu V)$$ （4-16）

5）参考端温差引入的 B 类标准不确定度 u_5。根据 JJF 1262—2010《铠装热电偶校准规范》要求，被检热电偶参考端（0℃）的允许误差为（0±0.1）℃，0℃时 K 型热电偶微分热电动势为 39.45μV/℃，折算为热电动势为$\pm(0.1 \times 39.45) = \pm 3.945(\mu V)$，按均匀分布考虑，则标准不确定度为

$$u_5 = \frac{3.945}{\sqrt{3}} = 2.2776(\mu V)$$ （4-17）

6）数据修约引入的 B 类标准不确定度 u_6。数据修约引入的不确定度为 0.5μV，按均匀分布，则标准不确定度为

$$u_6 = \frac{0.5}{\sqrt{3}} = 0.2887(\mu V) \tag{4-18}$$

7）输入量 $e_a(t')$ 的标准不确定度 $u(e_a)$ 为

$$
\begin{aligned}
u(e_a) &= \sqrt{u_1^2 + u_2^2 + u_3^2 + u_4^2 + u_5^2 + u_6^2} \\
&= \sqrt{1.0502^2 + 2.3671^2 + 5.8322^2 + 0.1414^2 + 2.2776^2 + 0.2887^2} \\
&= 6.7831(\mu V)
\end{aligned}
\tag{4-19}
$$

（4）合成标准不确定度评定。由于各标准不确定度分量彼此无关，则其相关系数为零，故合成标准不确定度为

$$
\begin{aligned}
u &= \sqrt{\left[c_1 u(e_b)\right]^2 + \left[c_2 u(e_s)\right]^2 + \left[c_3 u(e_a)\right]^2} \\
&= \sqrt{7.716^2 + (3.772 \times 6.303)^2 + (-3.772 \times 6.7831)^2} \\
&= 36.531(\mu V)
\end{aligned}
\tag{4-20}
$$

第 4 节

热电阻温度计

一 热电阻的分类与测温原理

1. 热电阻的分类

（1）按感温元件的性质分为金属导体与半导体两类，工业中有铂、铜两种热电阻，半导体有锗、碳和热敏电阻等。

（2）按准确度等级分为标准铂电阻温度计和工业热电阻。

（3）按结构分为绕线性、薄膜型及厚膜型。

2. 热电阻测温原理

热电阻是利用导体或半导体的电阻随温度变化而变化的性质来测量温度。

通常用电阻温度系数来描述这一特性。它定义为：在某一温度间隔内，当温度

变化 1K 时，电阻值的相对变化量常用 α 表示（量刚为 1/K）

$$\alpha=(R_t-R_{t_0})/[R_{t_0}(t-t_0)] \tag{4-21}$$

式中：R_t 为 $t℃$ 时铂热电阻的电阻值，Ω；R_{t_0} 为 $t_0℃$ 时铂热电阻的电阻值，Ω。

二 热电阻的材料

热电阻的材料必须满足以下要求：

（1）使用温度范围内材料的化学和物理性质稳定。电阻与温度之间的关系稳定、复现性好。

（2）电阻温度系数大，有足够的灵敏度。

（3）比阻大，传感器易于小型化。

（4）电阻与温度之间的关系曲线应近似于直线，并应是单值函数。

（5）材料要易于提纯，能分批复制而不改变性能，具有良好的互换性。

三 工业热电阻

工业热电阻在满足上述材料要求的情况下，常用的有铂热电阻和铜热电阻。热电阻的电阻与温度的关系通常以多项式表示。

铂电阻的特点是精度高、稳定性好、性能可靠。

（1）工业铂热电阻的电阻与温度的关系（按 ITS-90 温标）。

测量范围 0~850℃温区时

$$R_t=R_0(1+At+Bt^2) \tag{4-22}$$

测量范围（-200~0）℃温区时

$$R_t=R_0[1+At+Bt^2+Ct^3(t-100)] \tag{4-23}$$

式中：R_0 为 0℃时铂热电阻的电阻值，Ω；R_t 为 $t℃$时铂热电阻的电阻值，Ω；

$A=3.9083\times10^{-3}℃^{-1}$；$B=-5.775\times10^{-7}℃^{-2}$；$C=-4.183\times10^{-12}℃^{-4}$。

一般常用的铂热电阻是 $R_0=100\Omega$，$R_{100}/R_0=1.3850$。

（2）工业铜热电阻的电阻与温度的关系。测量范围（-50~150）℃温区时

$$R_t=R_0[1+\alpha t+\beta t（t-100）+\gamma t^2（t-100）]\qquad（4-24）$$

式中：R_t 为 t ℃ 时 的 电 阻 值 ，Ω ；R_0 为 0 ℃ 时 铜 热 电 阻 的 电 阻 值 ，Ω ；$\alpha=4.280 \times 10^{-3}$℃$^{-1}$ ；$\beta=9.31 \times 10^{-8}$℃$^{-2}$ ；$\gamma=1.23 \times 10^{-9}$℃$^{-3}$ 。

铜电阻的电阻值与温度的关系几乎是线性的，电阻温度系数也比较大，而且材料容易提纯，价格比较便宜，所以在一些测量准确度要求不很高，且温度较低的场合多使用铜电阻。

四 热电阻的结构

热电阻的结构一般由电阻丝、骨架、引线和保护套管等部分组成。

电阻丝是用来感受温度的部分，也是热电阻的核心。要求有大的电阻温度系数，大的电阻率，小的热容量，稳定的物理和化学性能，良好的复现性。

骨架是用来缠绕、支撑和固定电阻丝的支架。要求热膨胀系数和电阻丝接近，有足够的强度，绝缘性能好，有稳定的物理和化学性能，不产生对电阻丝有害的物质。

引线是使热电阻与外部测量和控制装置相连接。要求纯度高不产生热电势的材料。

保护套管是用来保护热电阻及引线不直接和被测介质相接触，免受有害物质影响。要求机械强度高，韧性好。

五 测温误差分析

（1）分度误差。每只热电阻实际的电阻值与温度的对应关系和统一的分度表可能不完全一致。

（2）线路电阻变化所引起的误差。

（3）因环境温度变化会使线路电阻而引起测量误差。

（4）热电阻通电发热引起的误差。实际测温时，热电阻本身总是要通过一定的电流，而使热电阻发热，因而引起电阻值发生变化而造成误差。该误差随电流大小而变化，电流越大误差越大。在工程上规定通过热电阻的电流不超过 6mA，通过 6mA 的电流而发热产生的误差约 0.1℃，是允许的，通过热电阻的电流一般选择 3mA。

（5）动态误差。由于热电阻体积较大，热容量较大，故其动态误差比热电偶的动态误差大，因此在快速测温中使用热电阻就要受到一定的限制。

六　工业铂、铜热电阻的检定

（1）检定依据：JJG 229—2010《工业铂、铜热电阻检定规程》。

（2）热电阻的允差等级见表4-6。

表 4-6　　　　　　　　　　　　热电阻的允差等级

热电阻类型	允差等级	有效温度范围（℃）		允差值
		线绕元件	膜式元件	
工业铂电阻 （PRT）	AA A B C	−50~250 −100~450 −196~600 −196~600	0~150 −30~300 −50~500 −50~600	$\pm(0.10℃+0.0017|t|)$ $\pm(0.150℃+0.002|t|)$ $\pm(0.30℃+0.005|t|)$ $\pm(0.6℃+0.010|t|)$
工业铜电阻 （CRT）	—	−50~150	—	$\pm(0.30℃+0.006|t|)$

注　1. 在（600~850）℃范围内由供应商在技术文件中制定。
　　2. $|t|$ 为检定点温度的绝对值，单位为℃。

（3）标准仪器及配套设备见表4-7。

表 4-7　　　　　　　　　　　　标准仪器及配套设备

序号	仪器设备名称	技术要求	用途	备注
1	标准铂电阻温度计	（−196~660）℃，二等	用比较法检定时的参考标准	也可用满足不确定要求的其他标准温度计
2	电测仪器	A级以上用0.005级及以上等级； B级以上用0.02级及以上等级； 测量范围应与标准铂电阻、被测铂电阻的电阻值范围相适应； 保证标准器和被检热电阻的电阻值的分辨率换算成温度后不低于0.001℃； 如测量Pt100的分辨率不低于0.1mΩ	测量热电阻和标准铂电阻阻值的仪器	电测仪器提供给热电阻的测量电流应保证功耗引起的温升尽可能小，不会对测量不确定度评定带来显著影响

续表

序号	仪器设备名称	技术要求	用途	备注
3	转换开关	接触电势小于等于 1.0μV	多支热电阻检定用转化器	
4	冰点槽	$U \leqslant 0.04℃$，$k=2$。 制冰的水和加入冰槽的水必须纯净。冰水混合物必须压紧以消除气泡，水面应低于冰面（10~20）mm	维持 0℃环境的恒温装置	也可用满足不确定要求的恒温槽
5	恒温槽	温度范围（-50~300）℃； 水平温差小于等于 0.01℃； 垂直温差小于等于 0.02℃； 10min 变化不大于 0.04℃	温度 t 的恒温装置	应有足够的插入深度，保证在允差检定时的热损失可被忽略；同时必须满足标准铂电阻温度计的插入深度
6	高温炉	温度范围（300~850）℃； 测量区域温差不大于热电阻上限温度允差的 1/8	高温源，检定 300℃以上的上限温度用	可用符合要求的其他高温源
7	水三相点瓶及保存容器		核查标准铂电阻温度计 Rtp 用	
8	绝缘电阻表	直流电压 10~100V，10 级	测量热电阻的绝缘电阻	

（4）环境温度：（15~35）℃；环境湿度：30%~80%；电测设备也应符合相应的环境条件要求。

（5）检定项目见表 4-8。

表 4-8　　　　　　　　　　　　　　　　检定项目

检定项目		首次检定	后续检定	使用中检验
外观		+	+	+
绝缘电阻	常温	+	+	+
	高温	*	－	－

检定项目		首次检定	后续检定	使用中检验
稳定性		*	–	–
允差	0℃点	+	+	+
	允差等级规定的上限（或下限温度）温度或100℃点（应首选100℃）	+	+	–

注 1. 表中"+"表示应检定；"–"表示可不检定；"*"表示当用户要求时应检定。

2. 在 R0 和 R100 合格，而电阻温度系数不满足要求时，仍进行允差等级规定的上限温度检定。

（6）具体检定方法详见 JJG 229—2010《工业铂、铜热电阻检定规程》。

七 工业铂电阻温度计测量不确定度评定

用于检定工业热电阻的自动测量系统，是用二等标准铂电阻温度计作为标准器，与被检一起置于恒温槽中，用比较法进行检定，由于恒温槽分为低温恒温槽（0℃）和标准恒温槽（100℃），故测量结果不确定度分析应分别进行。依据 JJG 229—2010《工业铂、铜热电阻检定规程》规定，以 A 级铂热电阻的测量为例分别分析在 0、100℃点的不确定度。

1. 被测对象

铂热电阻 Pt100，A 级（或 AA、B、C 级），测量点：0、100℃点，允许温度偏差见表 4-9。

表 4-9 　　　　　　　　　　　　　允许温度偏差 　　　　　　　　　　　　　℃

检定点温度（℃）	铂热电阻级别			
	AA	A	B	C
0	± 0.10	± 0.15	± 0.30	± 0.6
100	± 0.27	± 0.35	± 0.80	± 1.6

2. 测量标准

（1）二等标准铂电阻温度计。二等标准铂电阻温度计根据证书给出的参数见表4-10。

表 4-10 允许偏差

t（℃）	W_t^s	dW_t^s/dt（1/℃）
0	0.9998601	0.0039885
100	1.39270	0.0038681
	$R_{tp}=25.1424\,\Omega$	

注 t 为测试温度；W_t^s 为标准铂电阻温度计在 t 温度下的电阻与 R_{tp} 的比值；R_{tp} 为标准铂电阻温度计在水三相点（0.01℃）的电阻。

（2）电测设备。KEITHLEY2010 数字万用表，分辨力 0.1mΩ，测量范围为（0~1000）Ω，测量允许误差为±（0.005%×读数 + 0.0002%×量程）。

3. 测量方法

用比较法进行测量，将二等标准铂电阻温度计与被检铂热电阻同时插入冰、100℃的恒温槽中等温度稳定后通过测量标准与被检的值，由标准算出实际温度然后通过公式计算得出被检的实际值 R_0' 和 R_{100}'。

4. 数学模型

（1）检定点 0℃，测量误差的数学模型为

$$\Delta t_0 = \frac{R_i - R_0}{(dR/dt)_{t=0}} - \frac{W_i^s - W_0^s}{(dW_t^s/dt)_{t=0}} = \Delta t_i - \Delta t_i^* \qquad (4-25)$$

式中：R_i 为被检热电阻在冰点槽的电阻值，Ω；R_0 为标称电阻值，热电阻在 0℃的期望电阻值，Ω；W_i^s 为 $R_i^* R_{tp}^*$ 标准铂电阻在冰点槽测得的电阻值 R_i^* 与在水三相点测得的电阻值 R_{tp}^* 之比，$W_i^s = \dfrac{R_i^*}{R_{tp}^*}$；$W_0^s$ 为标准铂电阻在 0℃时的电阻值；$(dR/dt)_{t=0}$ 为被检热电阻在 0℃时，电阻值对温度的变化率，Ω/℃，Pt100 的 $(dR/dt)_{t=0}=0.39083\,\Omega/℃$；$(dW_t^s/dt)_{t=0}$ 为标准铂电阻温度计在 t 温度下与 R_{tp} 的比值的变化率；Δt_i 为由被检热电阻在冰点槽中测得的偏离 0℃的差，℃；Δt_i^* 为标准铂电阻温度计在冰点槽中测得的偏离 0℃的差，℃。

（2）检定点 100℃，测量误差的数学模型为

$$\Delta t_{100} = \frac{R_{\mathrm{h}} - R_{100}}{(\mathrm{d}R / \mathrm{d}t)_{t=100}} - \frac{W_{\mathrm{h}}^{\mathrm{s}} - W_{100}^{\mathrm{s}}}{(\mathrm{d}W_{t}^{\mathrm{s}} / \mathrm{d}t)_{t=100}} = \Delta t_{\mathrm{h}} - \Delta t_{\mathrm{h}}^{*} \tag{4-26}$$

式中：R_{h} 为被检热电阻在约 100℃恒温槽测得的电阻值，Ω；R_{100} 为标称电阻值，热电阻在 100℃的期望电阻值，Ω；$W_{\mathrm{h}}^{\mathrm{s}}$ 为标准铂电阻在约 100℃的恒温槽中测得的电阻值 R_{h}^{*} 与标准铂电阻在水三相点测得的电阻值 R_{tp}^{*} 的比值，$W_{\mathrm{h}}^{\mathrm{s}} = \dfrac{R_{\mathrm{h}}^{*}}{R_{\mathrm{tp}}^{*}}$；$W_{100}^{\mathrm{s}}$ 为标准铂电阻在 100℃时的电阻值；$(\mathrm{d}W_{t}^{\mathrm{s}} / \mathrm{d}t)_{t=100}$ 为电阻比值随温度的变化率；$(\mathrm{d}R / \mathrm{d}t)_{t=100}$ 为被检热电阻在 100℃时，电阻值对温度的变化率，$\Omega/℃$，Pt100 的 $(\mathrm{d}R / \mathrm{d}t)_{t=100}$ =0.37928$\Omega/℃$；Δt_{h} 为由被检热电阻在 100℃恒温槽中测得的偏离 100℃的差，℃；$\Delta t_{\mathrm{h}}^{*}$ 为标准铂电阻温度计在 100℃恒温槽中测得的偏离 100℃的差，℃。

从数学模型中可以观察到，0℃检定点的输入量有 R_{i}、R_{i}^{*}、R_{tp}^{*} 和 W_0^{s}；100℃检定点的输入量有 R_{h}、R_{h}^{*}、R_{tp}^{*} 和 W_{100}^{s}。

$(\mathrm{d}R / \mathrm{d}t)_{t=0}$、$(\mathrm{d}R / \mathrm{d}t)_{t=100}$、$(\mathrm{d}W_{t}^{\mathrm{s}} / \mathrm{d}t)_{t=0}$、$(\mathrm{d}W_{t}^{\mathrm{s}} / \mathrm{d}t)_{t=100}$ 的不确定度很小，可以忽略不计。

5. 输入量 Δt_{i}、Δt_{h} 的标准不确定度 $u(\Delta t_{\mathrm{i}})$ 和 $u(\Delta t_{\mathrm{h}})$ 的评定

有四个主要不确定度来源：R_{i}、R_{h} 测量重复性，插孔之间的温差，电测设备，测量电流引起的自热。

（1）测量的重复性 $u(R_{\mathrm{i1}})$ 和 $u(R_{\mathrm{i2}})$——A 类不确定度。

以 A 级铂热电阻的重复性试验为例：

1）检定 0℃时的合并样本标准差 S_{p} 见式（4-27），重复性见式（4-28）。

$$S_{\mathrm{p}} = \sqrt{\frac{\sum(X_i - \bar{x})^2}{n-1}} = 3.89(\mathrm{mK}) \tag{4-27}$$

$$u(R_{\mathrm{i1}}) = \frac{3.89}{\sqrt{6}} = 1.5881(\mathrm{mK}) \tag{4-28}$$

2）检定 100℃时的合并样本标准差 S_{p} 见式（4-29），重复性见式（4-3）。

$$S_{\mathrm{p}} = \sqrt{\frac{\sum(X_i - \bar{x})^2}{n-1}} = 18.19(\mathrm{mK}) \tag{4-29}$$

$$u(R_{\mathrm{i2}}) = \frac{18.19}{\sqrt{6}} = 7.4260(\mathrm{mK}) \tag{4-30}$$

（2）插孔之间的温差引入的标准不确定度$u(\Delta t_{i2})$和$u(\Delta t_{h2})$——B 类不确定度。

标准恒温水槽插孔之间的温场均匀性不超过 0.01℃；检定过程中温度波动不超过 ±0.1℃/10min，因标准和被检的时间常数不同，估计将有不大于 0.01℃的迟滞。均服从均匀分布，$k=\sqrt{3}$。因此不确定度为

$$u(\Delta t_{i2})=\frac{0.01\sqrt{2}}{\sqrt{3}}=8.16\,(mK) \tag{4-31}$$

标准恒温油槽插孔之间的温场均匀性不超过 0.02℃；检定过程中温度波动不超过 ±0.02℃/10min，因标准和被检时间常数不同，估计将有不大于 0.01℃的迟滞。均服从均匀分布，$k=\sqrt{3}$。因此不确定度为

$$u(\Delta t_{i2})=\frac{0.01\sqrt{2}}{\sqrt{3}}=8.16\,(mK) \tag{4-32}$$

（3）电测设备引入的标准不确定度$u(\Delta t_{i3})$和$u(\Delta t_{h3})$——B 类不确定度。

热电阻测量仪的测量误差是主要不确定度来源，四端转换开关杂散电势引起的不确定度相对很小（换算成电阻，不超过 ±1mΩ），可以忽略不计。

检定 0℃时，热电阻测量仪表的不确定度区间半宽为 100×0.005%+0.0002%×1000=0.007（Ω），在区间内可认为均匀分布，$k=\sqrt{3}$。因此不确定度为

$$u(R_{i3})=\frac{0.007}{\sqrt{3}}=4.041\times10^{-3}\,(\Omega) \tag{4-33}$$

换算成温度：$u(\Delta t_{i3})=\frac{4.041\times10^{-3}}{0.39083}\times1000=10.341\,(mK)$ （4-34）

检定 100℃时，电阻测量仪的不确定度区间半宽为：138.618×0.005%+0.0002%×1000=0.0089309（Ω），在区间内可认为均匀分布，$k=\sqrt{3}$。因此不确定度为

$$u(R_{h3})=\frac{0.0089309}{\sqrt{3}}=5.156\times10^{-3}\,(\Omega) \tag{4-35}$$

换算成温度：$u(\Delta t_{h3})=\frac{5.156\times10^{-3}}{0.37928}\times1000=13.594\,(mK)$ （4-36）

（4）自热引入的标准不确定度$u(\Delta t_{i4})$和$u(\Delta t_{h4})$——B 类不确定度。

电测设备供感温元件的测量电流为 1mA，根据实际经验感温元件一般有约 2mΩ 的影响，可作均匀分布处理，$k=\sqrt{3}$。因此不确定度为

$$u(R_{i4})=u(R_{h4})=\frac{0.002}{\sqrt{3}}=1.15\times10^{-3}\,(\Omega) \tag{4-37}$$

换算成温度：$u(\Delta t_{i4})=2.94mK$；$u(\Delta t_{h4})=3.03mK$ （4-38）

（5）$u\left(\Delta t_{\mathrm{i}}\right)$和$u\left(\Delta t_{\mathrm{h}}\right)$的计算。由于上述不确定度之间相互独立，因此合成不确定度为

$$u\left(\Delta t_{\mathrm{i}}\right)=\sqrt{u^2\left(\Delta t_{\mathrm{i1}}\right)+u^2\left(\Delta t_{\mathrm{i2}}\right)+u^2\left(\Delta t_{\mathrm{i3}}\right)+u^2\left(\Delta t_{\mathrm{i4}}\right)}=13.590\mathrm{mK} \qquad （4-39）$$

$$u\left(\Delta t_{\mathrm{h}}\right)=\sqrt{u^2\left(\Delta t_{\mathrm{h1}}\right)+u^2\left(\Delta t_{\mathrm{h2}}\right)+u^2\left(\Delta t_{\mathrm{h3}}\right)+u^2\left(\Delta t_{\mathrm{h4}}\right)}=17.768\mathrm{mK} \qquad （4-40）$$

6. 输入量$\Delta t_{\mathrm{i}}^{*}$和$\Delta t_{\mathrm{h}}^{*}$的标准不确定度$u\left(\Delta t_{\mathrm{i}}^{*}\right)$和$u\left(\Delta t_{\mathrm{h}}^{*}\right)$的评定

主要有 4 个不确定度来源，标准铂电阻的复现性和电阻比值的周期检定性，测量电流引起的自热。

（1）二等标准铂电阻复现性引入的标准不确定度$u\left(\Delta t_{\mathrm{i1}}^{*}\right)$和$u\left(\Delta t_{\mathrm{h1}}^{*}\right)$——B 类不确定度。

按规程要求，水三相点处 $U_{99}=9\mathrm{mK}$、$k=2.58$；水沸点附近为 $U_{99}=3.4\mathrm{mK}$、$k=2.58$。因此，$u\left(\Delta t_{\mathrm{i1}}^{*}\right)=1.94\mathrm{mK}$，$u\left(\Delta t_{\mathrm{h1}}^{*}\right)=1.32\mathrm{mK}$。

（2）电测设备引入的标准不确定度$u\left(\Delta t_{\mathrm{i2}}^{*}\right)$和$u\left(\Delta t_{\mathrm{h2}}^{*}\right)$——B 类不确定度。

R_{i}^{*}由电测设备测量，R_{tp}^{*}直接引用检定证书中给出值时不确定评估，$W_{\mathrm{t}}^{\mathrm{s}}=\dfrac{R_{\mathrm{t}}^{*}}{R_{\mathrm{tp}}^{*}}$，$R_{\mathrm{i}}^{*}$和$R_{\mathrm{tp}}^{*}$由不同电测设备测量，测量误差互不相关。因此，$\mathrm{d}W_{\mathrm{t}}^{\mathrm{s}}$可用方差合成的办法得到

$$\left(\mathrm{d}W_{\mathrm{t}}^{\mathrm{s}}\right)^2=\left(\frac{\mathrm{d}R_{\mathrm{t}}^{*}}{R_{\mathrm{tp}}^{*}}\right)^2+\left[\frac{W_{\mathrm{t}}^{\mathrm{s}}}{R_{\mathrm{tp}}^{*}}\cdot\Delta t_{\mathrm{tp}}\cdot R_{\mathrm{tp}}^{*}\cdot\left(\frac{\mathrm{d}W_{\mathrm{t}}^{\mathrm{s}}}{\mathrm{d}t}\right)_{t=\mathrm{tp}}\right]^2 \qquad （4-41）$$

1）检定水三相点时：

电测测量仪表最大允许误差为$\mathrm{d}R_{\mathrm{t}}^{*}=25.1423\times0.005\%+0.0002\%\times1000=0.00326$（$\Omega$），其标准不确定度为

$$u\left(\Delta t_{\mathrm{i2}}^{*}\right)=\frac{\sqrt{0.000130^2+(0.00998601\times0.0039885)^2}}{0.0039885\sqrt{3}}=19.677（\mathrm{mK}） \qquad （4-42）$$

2）检定 100℃时：

电测测量仪表最大允许误差为$\mathrm{d}R_{\mathrm{t}}^{*}=35.0157\times0.005\%+0.0002\%\times1000=0.00375$（$\Omega$），其标准不确定度为

$$u\left(\Delta t_{\mathrm{h2}}^{*}\right)=\frac{\sqrt{0.000149^2+(0.0139270\times0.0039885)^2}}{0.0038681\sqrt{3}}=23.735（\mathrm{mK}） \qquad （4-43）$$

（3）测量电流引起自热带来的标准不确定度$u\left(\Delta t_{\mathrm{i3}}^{*}\right)$和$u\left(\Delta t_{\mathrm{h3}}^{*}\right)$——B 类不确定度。

二等标准铂电阻温度计在冰点槽的检定过程中自热最大不超过 4mK，可作均

匀分布处理，$k = \sqrt{3}$，则$u\left(\Delta t_{i3}^*\right) = 2.31\text{mK}$。

检定 100℃时，由于在较高温度流动介质的恒温槽中，自热影响可以忽略不计，则$u\left(\Delta t_{h3}^*\right) = 0.00\text{mK}$。

（4）标准铂电阻温度计W_0^s和W_{100}^s引入的标准不确定度$u\left(\Delta t_{i4}^*\right)$和$u\left(\Delta t_{h4}^*\right)$的评定。

由于W_0^s和W_{100}^s是二等标准铂电阻温度计检定证书中给出的，引起温度的不确定度可以用周期稳定性来评估（B 类不确定度），分别为 10mK 和 11mK，按均匀分布估计$k = \sqrt{3}$，则$u\left(\Delta t_{i4}^*\right) = 5.77\text{mK}$，$u\left(\Delta t_{h4}^*\right) = 8.08\text{mK}$。

（5）$u\left(\Delta t_i^*\right)$和$u\left(\Delta t_h^*\right)$的计算。由于上述 4 个不确定度之间相互独立，因此标准不确定度为：

检定 0℃时

$$
\begin{aligned}
u\left(\Delta t_i^*\right) &= \sqrt{1.94^2 + 19.677^2 + 2.31^2 + 5.77^2} \\
&= 20.726 mK u\left(\Delta t_i^*\right) \\
&= \sqrt{1.94^2 + 19.677^2 + 2.31^2 + 5.77^2} = 20.726\,(\text{mK})
\end{aligned}
\tag{4-44}
$$

检定 100℃时

$$
u\left(\Delta t_h^*\right) = \sqrt{1.32^2 + 23.735^2 + 0.00^2 + 8.08^2} = 25.107\,(\text{mK})
\tag{4-45}
$$

7. 合成不确定度

0℃测量的标准不确定度分量汇总表见表 4-11，100℃测量的标准不确定度分量汇总表见表 4-12。

表 4-11　　　　　　　　0℃测量的标准不确定度分量汇总

标准不确定度 $u(x_i)$	不确定度来源	标准不确定度值（mK）	灵敏系数 c_i	不确定度分量 $|c_i|u(x_i)$
$u\left(\Delta t_i\right)$				13.590
$u\left(\Delta t_{i1}\right)$	测量重复性	1.5881		
$u\left(\Delta t_{i2}\right)$	插孔间温差	8.16	1	
$u\left(\Delta t_{i3}\right)$	电测设备误差	10.341		
$u\left(\Delta t_{i4}\right)$	自热影响	2.94		

标准不确定度 $u(x_i)$	不确定度来源	标准不确定度值（mK）	灵敏系数 c_i	不确定度分量 $|c_i|u(x_i)$
$u\left(\Delta t_i^*\right)$				20.726
$u\left(\Delta t_{i1}^*\right)$	标准铂电阻复现性	1.94		
$u\left(\Delta t_{i2}^*\right)$	电测设备误差	19.677	-1	
$u\left(\Delta t_{i3}^*\right)$	自热影响	2.31		
$u\left(\Delta t_{i4}^*\right)$	标准铂电阻稳定性	5.77		

表 4-12　　　　　　100℃测量的标准不确定度分量汇总

标准不确定度 $u(x_h)$	不确定度来源	标准不确定度值（mK）	灵敏系数 c_i	不确定度分量 $|c_i|u(x_h)$
$u\left(\Delta t_h\right)$				17.768
$u\left(\Delta t_{h1}\right)$	测量重复性	7.4260		
$u\left(\Delta t_{h2}\right)$	插孔间温差	8.16	1	
$u\left(\Delta t_{h3}\right)$	电测设备误差	13.594		
$u\left(\Delta t_{h4}\right)$	自热影响	3.03		
$u\left(\Delta t_h^*\right)$				25.107
$u\left(\Delta t_{h1}^*\right)$	标准铂电阻复现性	1.32		
$u\left(\Delta t_{h2}^*\right)$	电测设备误差	23.735	-1	
$u\left(\Delta t_{h3}^*\right)$	自热影响	0.00		
$u\left(\Delta t_{h4}^*\right)$	标准铂电阻稳定性	8.08		

由于各不确定度分量之间相互独立，因此，合成不确定度见式（4-46）、式（4-47）。

R_{tp} 直接用证书给出值时的合成结果：

检定 0℃时

$$u_{c}\left(\Delta t_{0}\right)=\sqrt{13.590^{2}+20.726^{2}}=24.784(\text{mK}) \qquad (4-46)$$

检定 100℃时

$$u\left(\Delta t_{100}\right)=\sqrt{17.768^{2}+25.107^{2}}=30.758(\text{mK}) \qquad (4-47)$$

8. 扩展不确定度

取估计值的置信概率为 95%，则 k_{95}=2，扩展不确定度见式（4-48）、式（4-49）：

检定 0℃时

$$U_{95}=2\times24.784=49.568(\text{mK})\,k_{95}\text{=2} \qquad (4-48)$$

检定 100℃时

$$U_{95}=2\times30.758=61.516(\text{mK})\,k_{95}\text{=2} \qquad (4-49)$$

9. 测量不确定度评估的说明

从上述的不确定度评估中可以看出，所选择的检定设备在检定 A 级及以下铂热电阻时可以满足检定结果的扩展不确定度（k=2）不大于被检热电阻允许误差的 1/4（75、200mK）。

第 5 节

工作用玻璃液体温度计

一 工作原理

玻璃液体温度计是利用在透明玻璃感温包和毛细管内的感温液体随被测介质温度的变化而受热胀冷缩的作用来测温的。当温度由 t_0 变化到 t_1 时，感温液体的平均体膨胀系数 β 为

$$\beta=\left(V_{t}-V_{0}\right)/\left(t_{1}-t_{0}\right)V_{0} \qquad (4-50)$$

式中：V_t 为温度为 t 时感温液体的体积；V_0 为温度为 t_0 时感温液体的体积。

当温度计受热时，不只是感温液体膨胀，玻璃也要膨胀，由于玻璃体积的膨胀促

使温包容积增大，使感温液体沿毛细管下降，但一般感温液体的体膨胀系数都远远大于玻璃的体膨胀系数，所以仍能保证毛细管中观察到感温液体随温度上升而上升或随温度下降而下降，因此毛细管内感温液柱高度的变化实际上是感温液体与玻璃（主要是温包的容积）体积变化之差，这种差值称为视膨胀，其视膨胀系数用 K 表示为

$$K=\beta-\gamma \tag{4-51}$$

式中：γ 为玻璃的体积膨胀系数；β 为平均体膨胀系数。

由此可见，玻璃液体温度计的示值实际上是感温液体的体积与温包的容积随温度变化之差的大小，也就是说，玻璃液体温度计的示值是感温液体视膨胀大小的量度。基于这种原理制造的温度计可在（−200~500）℃范围内广泛使用制造玻璃液体温度计用的玻璃，通常采用物理性能稳定、膨胀系数较小的特种玻璃。

用作玻璃液体温度计中的感温液体，有水银（或其合金）、甲苯、乙醇、煤油、石油醚和戊烷等。

玻璃液体温度计的灵敏度，主要取决于毛细管的粗细和温包的大小。

二 特性、分类和结构

1. 特性
（1）结构简单，制造容易，价格便宜；
（2）测温范围广，准确度较高；
（3）可直接读数，使用方便；
（4）节约能源；
（5）易损坏，破损后有些物质将污染环境。

2. 分类
（1）按使用目的划分为标准温度计、精密温度计和工作温度计；
（2）按其结构可分为三种，即棒式温度计、内标式温度计和外标式温度计；
（3）按感温液体划分为水银温度计和有机液体温度计等。

3. 结构
棒式温度计由玻璃温包和与之相连接的厚壁玻璃毛细管组成，见图4-5（a）。

内标式温度计的结构，长方形的乳白色玻璃片标尺置于连有温包的毛细管后面，在标尺和毛细管外面罩以玻璃外壳，外壳的一端密封，另一端溶接于玻璃温包上，毛细管和玻璃标尺用金属丝固定在一起，这种温度计的热惰性较大，但观测比较方便，见图4-5（b）。

外标式温度计的特点是将连有玻璃温包的毛细管直接固定在外标尺上，这种温度计多用来测量室温。

为了防止由于使用不当而使所测介质温度超过温度计测量上限时。感温液体从毛细管中上升到上限温度以上而胀破温度计，在毛细管的顶端都带有安全泡，以储存超过上限温度后的感温液体，这对测量0℃以下的温度计尤为重要。

玻璃液体温度计在使用时不应有破损、裂纹，液柱不应有断节、气泡或灰尘；刻度线及数字不应脱落，内标式温度计刻度板不应松动，由于温包的玻璃壁很薄，容易破损，使用时应避免其受机械冲击，尽可能安装在无振动或振动很小的地方。

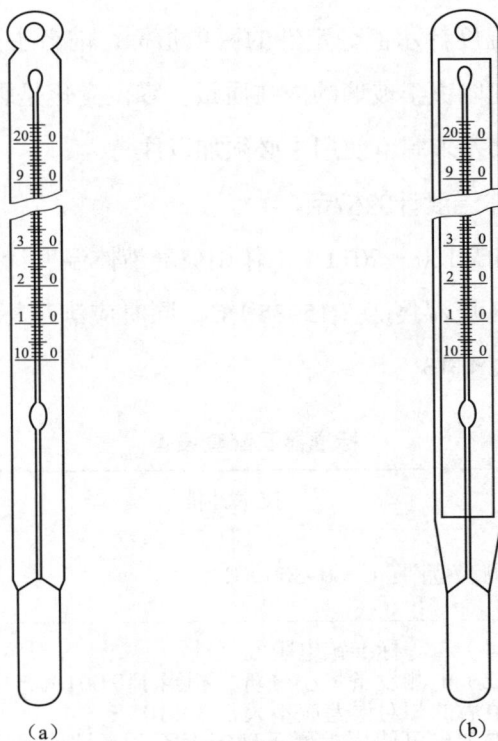

图4-5 温度计示意图
（a）棒式温度计；（b）内标式温度计

4. 读数误差

读数方法不正确容易产生较大的误差。正确的读数方法是应使视线与温度计刻度相垂直，最好用读数放大镜读数。对于透明棒式温度计，可以先从正面读数，然后把温度计转180℃角，从反面再读一次，两次读数的平均值即可消除视差，在必要时应由两人交替读数，严禁为了读数方便而将温度计从被测介质中拔起读数。

5. 温度计零点位移引起的误差

玻璃液体温度计在使用中，往往会产生零点位移，这是因为玻璃的热后效应引起的。由于玻璃内部组织的变化，经过一个长时间后，温包体积会有一些缩小，这种收缩称为玻璃的自然老化，由于温包收缩致使温度计的零位升高。此外，当温度计受热后，温包随之膨胀，降温后，膨胀了的温包不能及时恢复原来体积，造成液柱降低，即零点下降的现象。这种零点降低现象需要经过几小时，有时甚至几天方能消除玻璃液体温度计零点的变化，就相当于刻度有了相对位移，引起测量误差，因此必须经常检查零点位置。在检定工作中，通常要作零位永久上升值和零位降低值的测定，这是检定温度计示值稳定性的两项指标，前者主要反映了"人工老化"的工艺质量，而后者则取决于玻璃的内在质量。零位变化是影响玻璃液体温度计示值准确性的一项主要误差来源，使用中必须加以注意。

6. 工业用玻璃液体温度计的检定

（1）检定依据：JJG 130—2011《工作用玻璃液体温度计》。

（2）检定条件：环境温度为（15~35）℃，同时应满足标准器及配套电测设备相应的环境要求，见表4-13。

表 4-13 标准器及配套设备

序号	设备名称	技术性能	用途
1	标准水银温度计	测温范围：（-60~300）℃	标准器
2	二等标准铂电阻温度计及配套设备	（1）二等标准铂电阻温度计； （2）电测设备最小分辨力相当于0.001℃，引用修正值后的相对误差应不大于3×10^{-5}； （3）也可使用扩展不确定度不大于被检温度计最大允许误差1/3的其他设备	标准器

续表

序号	设备名称	技术性能				用途
		温度范围 （℃）	温度均匀性		温度波动性 （℃/10min）	
			工作区域 水平温差	工作区域 最大温差		
3	恒温槽	−100~−30	0.05	0.10	0.10	热源
		> −30~100	0.02	0.04	0.04	
		> 100~300	0.04	0.08	0.10	
		> 300~600	0.10	0.20	0.20	
4	水三相点瓶及保温设备					测量水三相点值或零位
5	冰点器	—				测量零位
6	读数装置	放大倍数5倍以上，可调水平				温度计读数

（3）具体检定过程详见 JJG 130—2011《工作用玻璃液体温度计》。

第6节

压力式温度计

一　工作原理

压力式温度计是根据其测温系统内部感温元件的压力随温变化的原理工作的。其测温系统仪表由温包、毛细管和弹性元件组成，温包内充工作介质，在测量温度时，将温包插入被测介质中，受介质温度影响，温包内部工作介质的体积或压力发生变化，经毛细管将此变化传递给弹性元件（如弹簧管），弹性元件变形，自端产生位移，借助于传动机构，带动指针在度盘上指示温度数值。

二　构造

压力式温度计主要由温包、毛细管、弹性元件三部分组成，其结构见图 4-6。

（1）温包。温包是直接与被测介质相接触来感受温度变化的元件，因此要求它具有高的强度、小的膨胀系数、高的热导率以及抗腐蚀等性能。根据所充工作介质和被测介质的不同，温包可用铜合金、钢或不锈钢来制造。

（2）毛细管。毛细管是用铜或钢等材料冷拉成的无缝圆管，用来传递压力的变化。

（3）弹性元件。压力式温度计的弹性元件一般为弹簧管（或盘簧管）。

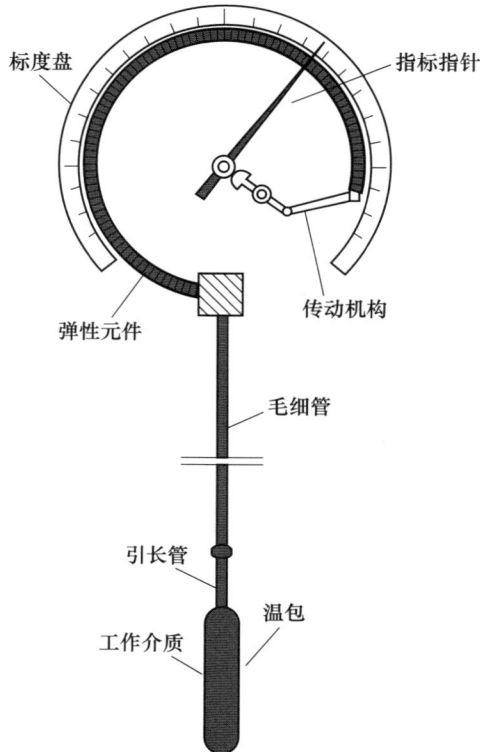

图 4-6　压力式温度计结构图

三 分类

压力式温度计根据冲灌的工作介质分为：

（1）液体压力式温度计，包括有机液体及水银压力式温度计；

（2）蒸汽压力式温度计，充灌的介质为低沸点物质如丙酮、乙醚等；

（3）气体压力式温度计，充灌的介质多为氮气。

四 压力式温度计校准

（1）校准依据：JJF 1909—2021《压力式温度计校准规范》。

（2）校准条件：环境温度为（15~35）℃，相对湿度小于等于85%，标准器及配套设备见表4-14。

表 4-14 标准器及配套设备

序号	设备名称	技术性能				备注
1	标准水银温度计	测温范围：（-60~300）℃				
2	标准铂电阻温度计及配套设备	（1）二等标准铂电阻温度计，测温范围：（-196~660.323）℃； （2）电测设备的准确度等级不低于0.02级，分辨率不低于1mΩ				也可使用符合要求的其他标准器
3	恒温槽	温度范围（℃）	温度均匀性		温度波动性（℃/10min）	也可使用符合要求的其他恒温源
			工作区域水平温差	工作区域最大温差		
		-80~0	0.15	0.30	0.10	
		0~95	0.05	0.10	0.10	
		95~300	0.10	0.20	0.10	
		300~600	0.20	0.40	0.50	

序号	设备名称	技术性能	备注
4	读数装置	放大倍数 5 倍以上，可调水平	读取温度水银温度计示值
5	绝缘电阻表	额定电压为 100V 或 500V，10 级	测量绝缘电阻

（3）校准项目见表 4-15。

表 4-15 校准项目

校准项目	普通指示型压力式温度计	电接点式压力式温度计
示值误差	+	+
设定点误差	−	+
切换差	−	+

注 1. 可根据被校的压力式温度计的功能与客户要求选择相应的校准项目。

2. "+"表示应校准；"−"表示不校准。

（4）使用注意事项与测量误差：

1）压力式温度计与水银温度计相比，时间常数较大。测量时，要将测温元件放在被测介质中保持一段时间，待示值稳定后再读数。

2）如果被测介质有较高压力或对温包有腐蚀作用时，应将温包安装在耐压和耐腐蚀的保护管中。

3）液体压力式温度计最好用于测量处于测温范围中间部分的介质温度，而蒸汽式压力式温度计，最好用来测量测温范围中间部分稍高的介质温度。

4）安装时毛细管应拉直，且最小弯曲半径不应小于 50mm。

5）在测量时应将温包全部插入被测介质中，以减少导热误差。

6）安装液体压力时温度计其温包与显示仪表应在同一水平面上，以减少液体静压力引起的误差。

第 7 节
数字温度指示调节仪

一 工作原理

数字温度指示调节仪工作原理：将传感器得到的电信号送入测量回路经前置放大后，由线性化器作线性处理，线性化后的电信号与被测温度成正比，并由数码管显示出温度数值，其原理图见图 4-7。

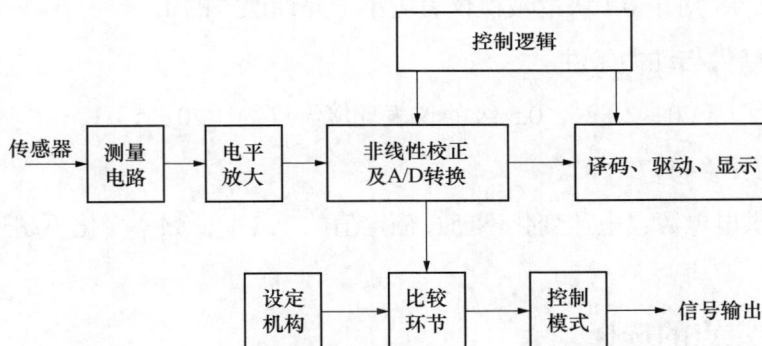

图 4-7　数字温度指示调节仪工作原理图

二 基本误差

仪表的基本误差可用三种误差的表示方式如下：

（1）用含有准确度等级的表示方式

$$\Delta = \pm a\% FS \tag{4-52}$$

式中：Δ 为允许基本误差，℃；a 为准确度等级；FS 为仪表的量程。

（2）用与仪表量程及分辨力有关的表示方式

$$\Delta = \pm \left(a\%FS + b \right) \tag{4-53}$$

式中：b 为仪表显示的分辨力，℃；a 为除量化误差以外的最大综合误差系数。只有当 b 不大于 $0.1a\%FS$ 时，a 才可以为准确度等级。

（3）用允许的温度误差值表示方式

$$\Delta = \pm N \tag{4-54}$$

式中：N 为允许的温度误差值，℃。

三　检定条件

1. 检定设备

检定设备所选用的标准器，包括整个检定设备的总不确定度应小于被检仪表允许误差的 0.2%，对于 0.1 级的被检仪表应小于允许误差的 1/3。

2. 环境条件与动力条件

环境温度：（20±2）℃，0.5 级的仪表环境温度为（20±5）℃；

相对湿度：（45~75）℃。

仪表的供电电源：电压变化不超过额定值的 ±1%；频率变化不超过额定值。

四　检定点的选择

检定点不应少于 5 点，一般应选择包括上、下限在内，原则上均匀的选取整十、整百摄氏度点。

五　检定方法

1. 寻找转换法（示值基准法）

从下限开始增大输入信号（上行程时），找出各被检点附近转换点的值，直至上限；然后减小输入信号（下行程时）找出各被检点附近转换点的值，直至下限。

用同样的方法重复测量一次。取二次测量中误差最大的作为该仪表的最大基本误差。

2. 输入被检点标称电量值法（输入基准法）

使用中的仪表采用此方法。

方法：从下限开始增大输入信号（上行程时），分别给仪表输入各被检点温度所对应的标称电量值，读取仪表相应的指示值，直至上限；然后减小输入信号（下行程时），温度所对应的标称电量值，读取仪表相应的指示值，直至下限。下限值只进行下行程的检定，上限值只进行上行程的检定。

用同样的方法重复测量一次。取二次测量中误差最大的作为该仪表的最大基本误差。

六 基本误差的计算

（1）寻找转换法检定时

$$\Delta_A = A_d - (A_s + e) \tag{4-55}$$

$$\Delta_t = \Delta_A / (\Delta A/\Delta t) t_i \tag{4-56}$$

式中：Δ_A 为用电量表示的基本误差（mV，Ω）；Δ_t 为换算成温度值的基本误差，℃；A_d 为被检点温度对应的标称电量值（mV，Ω）；A_s 为检定时标准仪器的示值（mV，Ω）；$(\Delta A/\Delta t) t_i$ 为被检点 t_i 的电量值 - 温度变化率（mV/℃，Ω）；e 为对具有参考端温度自动补偿的仪表，补偿导线 20℃时的修正值，mV；不具有参考端温度补偿的仪表 e 为 0。

（2）输入被检点标称电量法检定时

$$\Delta_t = t_d - [t_s + e/(\Delta A/\Delta t) t_i] \pm b \tag{4-57}$$

式中：Δ_t 为换算成温度值的基本误差，℃；t_d 为仪表显示的温度值，℃；t_s 为标准仪器输入的电量值所对应的被检温度值，℃；b 为仪表显示的分度值。

第8节

双金属温度计

一 工作原理与结构

　　双金属温度计是用膨胀系数两种不同的纯金属片或合金片牢固结合在一起组成感温元件，一端绕制成螺旋形，其一端固定，另一自由端装有指针。当温度变化时，感温元件曲率发生变化，自由端旋转，带动指针在标度盘上指示温度数值。双金属温度计感温元件的外部装有保护套管，标度盘呈圆形。双金属温度计结构见图4-8。

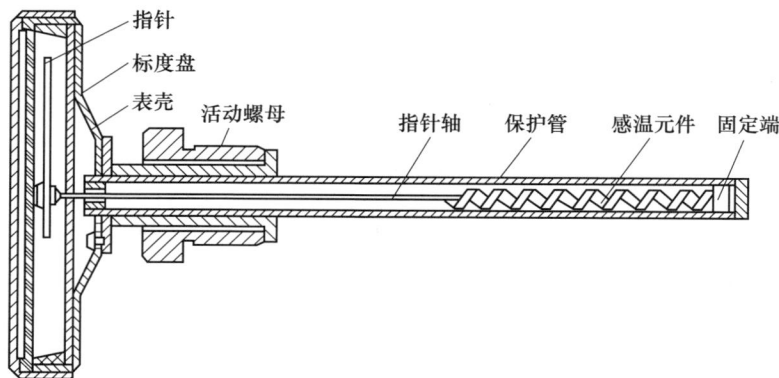

图4-8　双金属温度计结构图

二 分类

　　依据双金属温度计的标度盘与保护管轴线的交接方向可分为：

　　（1）角型。检测元件轴线与标度盘平面垂直的形式为角型。

　　（2）直型。检测元件轴线与标度盘平面平行的形式为直型。

（3）可调角型。除具有角型、直型功能外，可调直角型还能由角型转化为直型或由直型转化为角型。

三 双金属温度计的准确度等级与允许基本误差

双金属温度计的准确度等级与允许基本误差见表 4-16。

表 4-16　　　　双金属温度计的准确度等级与允许基本误差

准确度等级	允许基本误差（测量范围内，%）
1.0	±1.0
1.5	±1.5
2.0	±2.0
2.5	±2.5
4.0	±4.0

四 校准条件

1. 环境条件

温度：（15~35）℃；相对湿度：≤85%。

环境条件应同时满足标准设备使用的其他要求。

2. 标准器及配套设备

标准器及配套设备见表 4-17。

表 4-17　　　　　　　　标准器及配套设备

序号	设备名称	技术性能	备注
1	标准水银温度计	测温范围：（-60~300）℃	也可用扩展不确定度满足要求的其他测量标准
2	标准铂电阻温度计	二等及以上，测温范围：（-196~660.323）℃	

序号	设备名称	技术性能				备注
3	电测设备	准确度等级不低于 0.02 级，分辨力不低于 1mΩ				
4	恒温槽	温度范围（℃）	温度均匀性		温度波动性（℃/10min）	也可使用满足要求的其他恒温设备
			工作区域水平温差	工作区域最大温差		
		−80~0	0.15	0.30	0.10	
		0~95	0.05	0.10	0.10	
		95~300	0.10	0.20	0.10	
		300~500	0.20	0.40	0.50	
5	绝缘电阻表	额定电压为 100V 或 500V，10 级				—

五　校准、检查项目

（1）检查项目：外观、绝缘电阻；

（2）校准项目：示值误差、角度调整误差、设定点误差、切换差。

第9节

温度测量仪表的安装

由于被测对象不同，环境条件不同，测量要求不同，因此感温元件的安装方法与措施也不同。

感温元件的安装应确保测量的准确性

1. 正确选择测温点

测温点应具有代表性，不应把感温元件插到被测介质的死角区域，测温点应尽量避开具有电磁场干扰的场合，避不开时，应采取抗干扰的措施。

合理确定测温元件的插入深度。所谓插入深度，是指测温元件的自由端至外螺纹的连接头的长度。插入深度的选取，应当使感温元件能够充分地感受到流体的实际温度。

当管道与管壁垂直或成 45° 角安装时，保护管的端部应处于管道的中心区域内，该中心区域的直径为管道直径的 1/3。如果保护管与管壁成一个角度或在肘管上安装时，其端部应对着工艺管道中介质的流向。

2. 设备

插入深度应使感温部分处于具有代表性的热区域。

3. 扩大管的使用

扩大管的采用，若安装测温元件的工艺管径过小时，应安装扩大管。

（1）各类玻璃液体温度计在公称直径 $D_g<50mm$ 的管道上安装时，应采用扩大管。

（2）普通热电偶和普通热电阻和双金属温度计在 $D_g<80mm$ 的管道上安装时，应采用扩大管。

（3）对于压力式温度计采用扩大管时，应根据温包长度和管道直径确定。因为其温包长度规格很多，且不统一，主要以整个温包浸没在被测介质中为符合要求。因此，到底工艺管道多大需加扩大管，只能视具体使用的仪表来确定。

4. 避免热辐射所产生的测温误差

在温度较高的场合，应尽量减小被测介质与管（设备）壁表面之间的温度差。在安装感温元件的地方，如器壁暴露于空气中，应在其表面包上一层绝热物质（如石棉等），以减少热量损失，提高器壁温度。必要时，可在感温元件与器壁之间加装防辐射罩，以消除感温元件与器壁间的直接辐射作用。防辐射罩最好是用耐高温和反光性强的物质做成。

5. 避免导热所产生的测温误差

测温点的热量要通过感温元件及保护管、温包毛细管系统等导热而产生热量损失。由于这个热损失而产生的误差也是不小的。为了减小此项误差，感温元件应有足够的插入深度。实践证明，随着感温元件插入深度的增加，此项测温误差将减小。必要时，应对感温元件外露部分加装保温层进行保温，以减少其热损失。

6. 避免热电偶与火焰直接接触

用热电偶测量炉膛温度时，应避免热电偶与火焰直接接触，否则必然会使测量值偏高。同时，应避免把热电偶装在炉门旁或与加热物体距离过近之处，其接线盒不应碰到被测介质的器壁，以免热电偶冷端温度过高。

7. 保证其密封性

感温元件安装于负压管道（设备）中（如烟道中）时，应保证其密封性，以免外界冷空气袭入，而降低测量指示值。

8. 温包自上而下垂直安装

安装压力式温度计的温包时，除要求有适当的插入深度外，尚应将温包自上而下垂直安装，同时毛细管不应受拉力与机械损伤。

9. 接线盒出线孔应向下安装

热电偶、热电阻的接线盒出线孔应向下安装，以防因密封不良而使水汽、灰尘与脏物落入接线盒中影响测量。

10. 水银温度计垂直或倾斜安装

水银温度计只能垂直或倾斜安装，同时需观察方便，不得水平安装（直角水银温度计除外），更不得倒装。

二 感温元件的安装应确保安全、可靠

为避免感温元件的损坏，应保证其具有足够的机械强度。可根据被测介质的工作压力、温度及特性，合理地选择感温元件保护管的壁厚与材质。通常把被

测介质的工作压力分为低压（$P_\mathrm{g} \leqslant 1.6\mathrm{MPa}$）、中压（$1.6\mathrm{MPa}<P_\mathrm{g}<6.4\mathrm{MPa}$）与高压（$P_\mathrm{g}>6.4\mathrm{MPa}$）。感温元件在不同的压力范围工作，有着不同的安装要求。此外，感温元件的机械强度还与其结构形式、安装方法、插入深度以及被侧介质的流速等因素有关，也必须予以考虑。

（1）凡安装承受压力的感温元件，都必须保证其密封性。

（2）在高温下工作的热电偶，其安装位置应尽可能保持垂直，以防止保护管在高温下产生变形。若必须水平安装时，则不宜过长，且应装有用耐火黏土或刚热合金制成的支架。

（3）在介质具有较大流速的管道中，安装感温元件时必须倾斜安装，以免受到过大的冲蚀，最好能把感温元件安装于管道的弯曲处。

（4）如被测介质中有尘粒、粉物，为保护感温元件不受磨损起见，应加装保护屏或加装保护管。

（5）在安装瓷和氧化铝这一类保护管的热电偶时，其所选择的位置应适当，不致因加热工件的移动而损坏保护管。在插入或取出热电偶时，应避免急冷急热，以防保护管破裂。

（6）在薄壁管道上安装感温元件时，需在连接头处加装加强板。

（7）当介质工作压力超过 10MPa 时，必须加装保护外套。

（8）在有色金属管道上安装时，凡与工艺管道接触（焊接）以及与被测介质直接接触的部分，其有关部件（如连接头、保护外套等）均须与工艺管道同材质。在衬里管道上安装，基本上与在有色金属管道上的安装相同，其保护外套则须与所处管道同材质、同涂料。

三 感温元件的安装应便于维修与校验

感温元件安装部位应考虑其拆装、维修、校验的足够空间和场地，具有较长保护套管的感温元件应能方便地拆装。

第10节
温度测量技术的新进展

一 国内优秀温度计量设备及校准案例介绍

1. 温度校准设备

（1）ConST660 智能干体炉见图 4-9。

图 4-9　ConST660 智能干体炉

1）功能特点：

a. 温度范围：（-40~155）℃、（33~660）℃、（100~1210）℃。

b. 升降温速度快：（0~100）℃仅需 4min。

c. 三路电测通道：一通道标准器，两通道被检设备。

d. 智能操作系统：可以设定任务自动完成温度仪表校准。

2）应用场景：可完成铂电阻、热电偶、温度变送器等温度仪表的检定、校准、测试工作，可以计算误差、保存数据、导出记录。

（2）ConST326 智能过程校验仪见图 4-10。

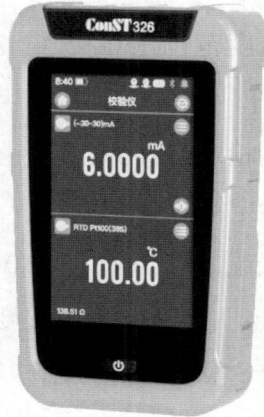

图 4-10　ConST326 智能过程校验仪

1）功能特点：

a. 可以测量、输出电流、电压、频率、脉冲、通断等信号，模拟热电偶、热电阻。

b. 体积小、重量轻，单手可持握。

c. 内置 App，类手机操作。

d. 自动校准模式 HART 功能。

2）应用场景：可以应用于电力、石化、制药、计量、冶金、食品、科研等行业，完成过程信号测试。

（3）ConST610 温湿度检定箱见图 4-11。

图 4-11　ConST610 温湿度检定箱

1）功能特点：

a. 超宽的温湿度范围：温度范围 −30~95℃、湿度范围 1%RH~95%RH（在0~80℃时）。

b. 升降温速度是传统温湿度检定箱的 5 倍以上。

c. 降湿速度是传统温湿度检定箱的 6 倍以上。

d. 可实现高温高湿、低温低湿，露点范围 −32.0~78.7℃ DP。

2）应用场景：ConST610 主要用于完成对温湿度传感器、数字式温湿度计、机械式温湿度计等温度仪表的检定、校准和测试工作。

（4）ConST680 温度自动检定校准系统见图 4-12。

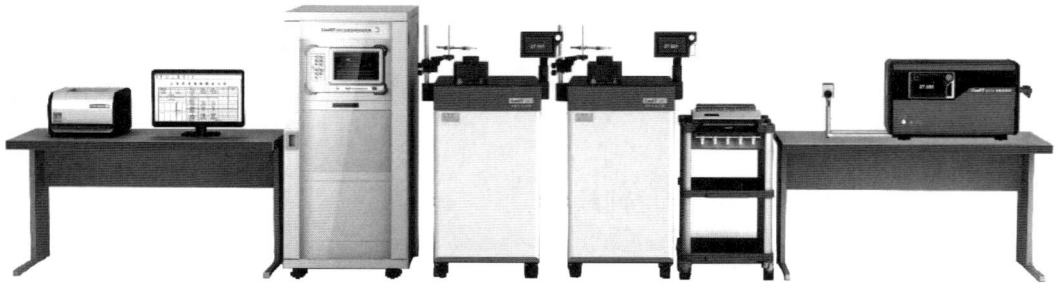

图 4-12　ConST680 温度自动检定校准系统

1）功能特点：

a. 多个检定任务并行，效率高。

b. 创新接线技术，被检仪表快速接线。

c. 恒温槽、管式炉升降温速度快。

d. 兼容多厂家恒温装置，可对现有装置进行升级。

2）应用场景：ConST680 主要用于自动检定、校准各种热电偶、热电阻、温度变送器、膨胀式温度计、温度指示控制仪、温度开关等，整个检定过程均在 ACal 检定 / 校准系统软件控制下自动完成。

2. 温度检定校准案例

案例一　电厂热电阻和热电阻批量检定校准。

以往温度检定设备常常存在的以下主要问题：①恒温油槽油烟很大，危害健康。②热电偶检定炉温场指标不合格，导致热电偶检定数据有偏差。③采用 6 位半的标准数字表，准确度较低，影响检定结果。

重庆某电厂购置一套康斯特温度自动检定系统，用于检测热电偶和热电阻传感器。采用 ConST685 超级测温仪，准确度可达 8 位。新型热电偶检定炉采用多段控温技术，温场指标满足规范要求。系统采用无烟油槽，可以将油烟自动排出室外。温度自动检定系统见图 4-13。

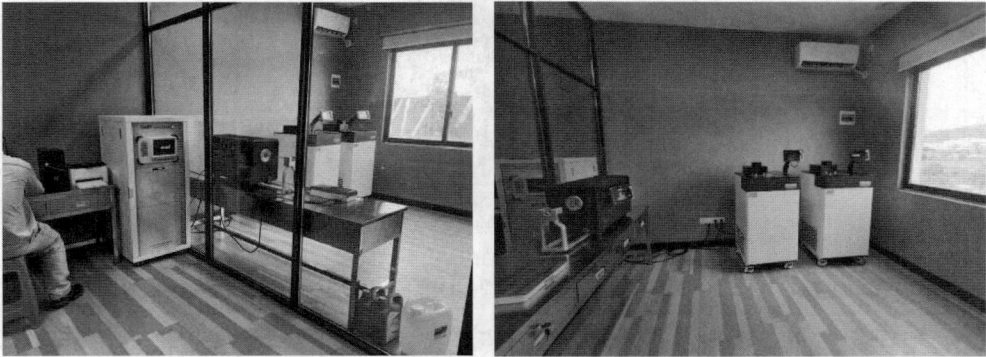

图 4-13 温度自动检定系统

案例二 智能干体炉应用。

在现场温度校准工作中，传感器长度小于 90mm，或带大直径法兰盘、大尺寸金属螺母等温度计校准时，由于插入深度不足、漏热严重等因素，造成测试不合格。针对这一难题，新型智能干体炉配套了短支温度传感器校准套件，套件包含测温范围为（-196~180）℃的标准铂电阻温度计 1 支，6、8、12mm 及未开孔的均热块各 1 支，大开口防护板、备用炉口大、小适配环、适配环紧固工具及多种规格的绝热环等组件。对于传感器长度小于 90mm 的温度计，其感温部分插入位置已经超出了智能干体炉的均匀温场范围，会引入较大的误差。套件采用特制均热块和专用标准铂电阻温度计，将标准和被检的感温部分置于同一水平面上，解决了上述问题，现场实际工作图见图 4-14。

案例三 超级温湿度检定箱应用案例。

随着数字式温湿度计技术的发展，包括温湿度传感器、温湿度变送器和温湿度巡检仪等仪表在工业生产、科研院所等行业得到了广泛的应用。其精度高，露点范围宽，检测时对标准设备要求高；并需要专业的计量人员对仪表进行信息录入、数

图 4-14 现场实际工作图

据检测、结果运算等工作。为了解决这些问题，超级温湿度检定箱采用分流法创新技术实现超宽露点范围，升降速度是传统技术的 5 倍。其湿度波动度小于等于 ± 0.3%RH/30min，湿度均匀性小于等于 0.8%RH，可以高效检测数字式温湿度计、温湿度传感器和温湿度变送器等仪表。Acal 温度检定校准系统软件则可以自动完成数据计算，并形成检测记录和证书，大大提升检测效率和质量，现场实际工作见图 4-15。

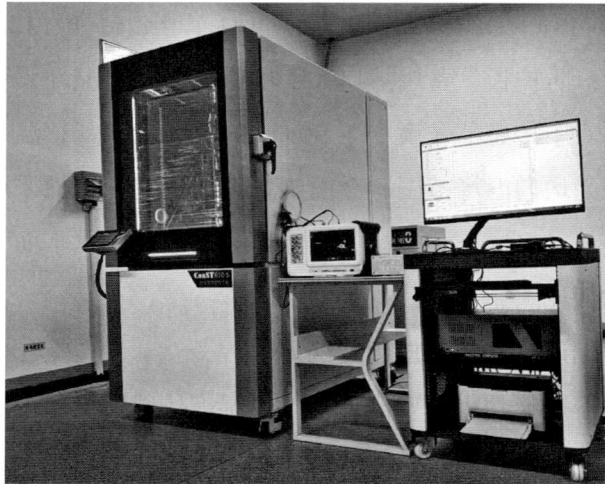

图 4-15 现场实际工作图

二 接触式测温技术的新进展

1. 由点到线、由线到面温度分布的测温技术

（1）多芯热电偶。传统的温度测量可称为对某一点的温度测量，采用多芯铠装热电偶，可以测量温度分布。

（2）光纤式温度分布测量装置。光纤式温度分布测量装置是用一只传感器就能测出线状温度分布。该装置的基本原理是将激光脉冲射到光纤中，依据到达各处返回的散射光中斯托克及反斯托克光之比，求其温度。这种光纤式温度分量置最长可测量 30km 以内的温度分布，用于测量油井从地面到地下深度方向的分布是很理想的。

2. 由表面到内部、深部的温度测量技术

受客观条件的制约，有时欲测量的内部温度是不能直接插入温度传感器。例如人体温度的测量。温度计中间有绝热层，上、下各有一个热敏电阻，并在其上放一个加热器。如将此温度计放在人体表面上，因在上下热敏电阻间有温度差，用加热器加热来消除温度差。在内部附有发热体物体中，热量将由内向外扩散，因此表面温度比内部温度低，其间有温度差。为此，在加热物体的表面，如能消除此温度梯度，并能测出表面温度便可知其内部温度。

3. 从有线到无线的测温技术

传统的热电高温计均由热电偶、补偿导线及显示仪表组成，即测温元件与仪表间通常采用带有电缆的有线连接方式。对于旋转或移动物体温度进行测量时，或者传感器与仪表之间距离较远时，采用无线传输方式。如无线巡回检测以及恒温室空调用温度、湿度传感器系统。

4. 从无线传感器到无线传感器网络

无线传感器网络是将传感器节点广泛分布，每个节点均同时具有传感、数据处理和无线通信功能，使节点之间检测的数据进行无线通信的系统。

三 辐射测温技术的新进展

（1）单光谱测温技术。通过单个光谱（波段或波长）的热辐射强度测量，获得目标温度。

（2）双光谱测温技术。通过两个光谱（波段或波长）的热辐射强度测量，计算获得物体温度。又称为比色测温法。

（3）多光谱测温技术。多光谱辐射测温方法通过多个光谱下的辐射温度测量，结合特定的光谱发射率函数，构建多波长辐射测量方程，来测量温度。

（4）点、场分布测量的辐射测温技术。

（5）多光谱成像融合的辐射测温技术。

（6）不透明表面与半透明介质的辐射测温技术。辐射测温的本质是通过测量被测物体的有效辐射，反演被测物体的温度分布。根据辐射特征差异，测量目标分为不透明表面与半透明介质。传统的辐射测温技术仅适用于不透明物体的表面温度测量，通过物体表面辐射测量获得温度。

半透明介质也称为辐射参与性介质，是指在一个或若干个谱带（波段）范围内，其谱带光学厚度为有限值的介质，例如燃烧火焰。

基于多角度方位的半透明介质内部温度分布的辐射测量技术通过在不同的空间方位上测量得到的有效辐射强度构造非相关的辐射测量方程。

基于单角度方位的半透明介质内部温度分布的多光谱测量方式，通过在不同波长下有效测量辐射，反演求解沿辐射测量方向上的半透明介质内部温度场。

电量式测温方法主要利用材料的电势、电阻或其他性能与温度的单值关系进行温度测量。

接触式光电、热色测量主要通过接触被测对象，将温度变化引起的热辐射或其他光电信号引出，通过光电转换器件检测该信号，从而获得测温结果的方法。

热色测温方法主要是通过示温敏感材料的颜色在不同温度下发生变化来指示温

度的，示温漆和示温液晶都属于热色测温。

辐射式测温方法是以热辐射定律为基础的，辐射能随物体的温度变化而变化。传感器或热辐射能探测器不必达到与被测对象同样的温度，测温上限不受传感器材料熔点的限制；属于被动式温度测量（即无须电源）；检测时传感器不必和被测对象达到热平衡，响应时间短，检测速度快，适于快速测温。

辐射式温度传感器测温方法主要有以下三种：

（1）比色测温法。比色温度的定义是：黑体在波长 λ_1 和 λ_2 下的光谱辐射能量之比等于被测体在这两个波长下的光谱辐射能量之比，此时黑体的温度称为被测体的比色温度。

（2）亮度测温法。亮度温度的定义是：某一被测体在温度为 T、波长为 λ 时的光谱辐射能量，等于黑体在同一波长下的光谱辐射能量。此时黑体的温度称为该物体在该波长下的亮度温度。

（3）全辐射测温法。全辐射测温的理论依据是斯忒藩－玻耳兹曼定律。全辐射温度的定义是：当某一被测体的全波长范围的辐射总能量与黑体的全波长范围的辐射总能量相等时，黑体的温度 T_b 就称为该被测体的全辐射温度。

上述辐射式温度传感器三种测温方法中，比色测温与亮度测温都具有较高的精度。比色测温的抗干扰能力强，在一定程度上可以消除电源电压的影响和背景杂散光的影响等。全辐射测温容易受背景干扰。

辐射式温度传感器可测量高达 2500℃ 的温度，这是接触式温度传感器所无法比拟的，在很多温度测量场合也是唯一的一种测量方法。

随着红外和光电探测器的开展，红外测温技术得到了更多的应用，具体表现在：

（1）测温范围从高温、中温向中温、低温局部拓展；

（2）准确度和稳定性更高；

（3）工作波段多样化，可根据被测对象的特性选择；

（4）从点测量到二维面测量；

（5）红外测温仪具有小型化和智能化的特点。

第11节

习题及参考答案

1. 判断题

（1）仪表上所示温度通常为摄氏温标，而工程计算中常用绝对温标。（√）

（2）热电阻是利用导体或半导体的电阻随温度变化而变化的特性来测量温度的一种感温元件。（√）

（3）热电阻测温仪表，采用三线制输入方法，可以抵消由于线路电阻值所带来的测量误差。（√）

（4）铂热电阻的铂纯度常以 R_{100}/R_0 来表示，R_{100} 表示纯水在 0℃时铂电阻的电阻值，R_0 表示纯水在 100℃时铂电阻的电阻值。（×）

（5）铂热电阻的特点是准确度高、稳定性好。（√）

（6）温度越高，铂、镍、铜等材料的电阻值越小。（×）

（7）常用热电阻有铂热电阻分度号为 Pt100，铜热电阻分度号为 Cu50。（√）

（8）热电阻的电阻丝有正负之分，但补偿导线则没有。（×）

（9）温度（热）漂移是指在输入不变的情况下，变送器、传感器工作的环境温度变化所引起零点输出或灵敏度的变化值。（√）

（10）相同材料、长度相同、粗细不同的导线其电阻值相同。（×）

（11）工业上使用较为普遍的电阻温度计有铂电阻温度计、铜电阻温度计和热敏电阻温度计。（√）

（12）标准铂电阻温度计采用四线制接法的主要优点是消除引线电阻影响。（√）

（13）工业用铂热电阻引出线的材料，测高温时用银丝，测低温时用铜丝。（√）

（14）测温元件倾斜安装时应注意倾斜方向与介质流束方向一致，一般插入深度到管道中心为宜，最浅也要插入管道直径的 1/4 以上。（√）

（15）当热电阻或者引出线断路及接线端子松了时，温度显示表会显示 0℃。（×）

（16）一般情况下用热电阻测温度较低的介质，而热电偶测温度较高的介质。（√）

（17）热电阻测温范围比热电偶高。（×）

（18）热电阻测温度时不需要冷端补偿。（√）

（19）温度变送器是用测量介质温度的。（×）

（20）热电偶的电极直径大小与其使用温度点没有关系。（×）

（21）如果热电偶的两个电极材料相同，就算接点温度不相同，也不会产生热电动势。（√）

（22）热电偶产生的热电势的大小仅与热电偶材料的性质和两端的温度有关，与热电偶的长度和直径无关。（√）

（23）现场使用的热电偶不需要进行校准。（×）

（24）测温热敏电阻指的是电阻值随温度呈线性变化的多晶半导体材料制成的用于温度测量的感温元件。（×）

（25）工业热电阻一个保护管可含多支热电阻。（√）

（26）工业铂热电阻的测温范围比铜热电阻大。（√）

（27）贵金属热电偶在使用时不能使用补偿导线。（×）

（28）S 型热电偶热电动势偏小，热电势率也比较小，因而灵敏度低。（√）

（29）温度计度盘上的刻线、数字和其他标志应完整、清晰、正确。（√）

（30）热电偶校准时需要将标准热电偶和被检热电偶捆扎成束，每束热电偶总数（包括标准热电偶）不应超过 8 支。（×）

（31）两种均匀金属组成的热电偶，其电动势的大小与热电极直径、长度及沿热电极长度上的温度分布无关，只与热电极材料和两端的温度有关。（√）

（32）铂铑 10- 铂热电偶为贵金属热电偶，它的正极为含铑 10% 铂铑合金，负极为纯铂。（√）

（33）0.5 级（0~1200）℃的配 K 型热电偶仪表，其最大允许误差为 6℃。（×）

（34）数字温度指示调节仪基本误差的检定方法有示值基准法和输入基准法两种，仲裁检定时必须采用示值基准法。（√）

2.问答题

（1）热电阻的测温原理是什么？热电阻输入回路的作用是什么？

答：热电阻是中低温区最常用的一种温度传感器。它是基于电阻的热效应进行温度测量的，即电阻体的阻值随温度的变化而变化的特性。因此，只要测量出感温热电阻的阻值变化，就可以测量出温度。

热电阻输入回路的作用是将热电阻变化转换成相应的毫伏电压的信号，它能实现零点的迁移，并能送出一个有固定数值的电压来对仪表进行定值的检查。

（2）工业用热电的出线除两线制外，还采用三线制和四线制，其目的是什么？

答：工业热电阻测温采用三线制的目的是减少热电阻与测量仪表（测量桥路）之间连接导线电阻的影响，以及导线电阻随环境温度变化而变化所带来的测量误差，工业热电阻测温采用四线制的可以消除连接导线电阻的影响。

（3）什么是金属导体的热电效应？试说明热电偶的测温原理。

答：热电效应就是两种不同的导体或半导体 A 和 B 组成一个回路，其两端相互连接时，只要两接点处的温度不同，回路就会产生一个电动势，该电动势的方向和大小与导体的材料及两接点的温度有关。热电偶测量就是利用这种热电效应进行的，将热电偶的热端插入被测物，冷端接进仪表，就能测量温度。

（4）使用热电偶补偿导线时应注意什么问题？

答：1）补偿导线必须与相应型号的热电偶配用。

2）补偿导线在与热电偶、仪连接时正负极不能接错，两对连接点要处于相同温度。

3）补偿导线和连接点的温度不得超过规定使用的范围。

4）要根据所配仪表的不同要求选用补偿导线的线径。

（5）在校准工业廉金属热电偶时，为什么要求标准热电偶要用保护管？

答：在校准工业廉金属热电偶时，为了防止标准热电偶不受其他腐蚀性气体污染和杂质的渗入，保证标准热电偶的热电特性稳定，延长标准热电偶的使用寿命，确保量值传递的准确、可靠。标准热电偶都要用保护管加以保护。常用来做标准热电偶的保护管是石英管或瓷管。

（6）铠装热电阻的优点？

答：优点有：

1）外径尺度很小，最小直径可达 1mm，因此其热惯性小，响应速度快。

2）机械性能好，可耐强烈震动和冲击。

3）除感温元件外，其他部分可以任意弯曲，适合在复杂结构中安装。

4）由于感温元件与金属套管，绝缘材料形成一密封实体，不易受到有害介质的侵蚀，因此寿命比普通热电阻长。

（7）依据 JJF 1909—2021《压力式温度计校准规范》，简述压力式温度计的工作原理。

答：压力式温度计是根据其测温系统内部感温元件的压力随温变化的原理工作的。其测温系统仪表由温包、毛细管和弹性元件组成，温包内充工作介质，在测量温度时，将温包插入被测介质中，受介质温度影响，温包内部工作介质的体积或压力发生变化，经毛细管将此变化传递给弹性元件（如弹簧管），弹性元件变形，自端产生位移，借助于传动机构，带动指针在度盘上指示温度数值。

（8）依据 JJF 1909—2021《压力式温度计校准规范》，校准压力式温度计所需的标准器及配套设备有哪些？

答：校准时所用的标准器及配套设备：

1）校准温度计的标准器根据测量范围可选用标准水银温度计、标准铂电阻温度计及电测设备或其他符合要求的标准器。

2）恒温槽。

3）读数装置。

4）绝缘电阻表。

（9）依据 JJG 141—2013《工作用贵金属热电偶检定规程》，简述在进行 S 型贵金属热电偶检定时，主要标准器等级和配套设备的名称，不用写出每个设备的技术指标。

答：1）主标准器：标准铂铑 10-铂热电偶，一等的 2 支。

2）电测仪器和配套设备：电测设备、多路转换开关、参考端恒温器、管式检定炉、退火炉、热电偶通电退火装置。

（10）双金属温度计的测温原理是什么？

答：双金属温度计利用两种不同线膨胀系数的双金属片叠焊在一起作为测量元件，当温度变化时，因两种金属的线膨胀系数不同而使双金属片弯曲，利用弯曲程度与温度高低成比例的性质来测量温度，这就是双金属温度计的测温原理。

（11）使用热电偶补偿导线的目的是什么？

答：使用补偿导线的目的，除了将热电偶的参考端从高温处移到环境温度较稳定的地方，同时能节省大量的价格较贵的贵金属和性能稳定的稀有金属；补偿导线也便于安装和线路敷设。

（12）热电偶测温度的特点是什么？

答：1）测温准确度较高。

2）结构简单，便于维修。

3）动态响应速度较快。

4）测温范围较宽。

（13）热电偶为何要进行周期检定？

答：热电偶在出厂前厂家进行了检定，经过一段时间的使用后，热电偶的热端被氧化，腐蚀、污染，加之在高温条件下热电极材料的再结晶使热电特性发生了变化会增加测量误差，为了保证热电偶的准确度，所以要对热电偶进行定期检定。

（14）什么是三相点？什么是水三相点？

答：一个由单一物质组成的体系，当其三相（三种状态）共处于平衡时，这个体系将有确定的温度和压力，称此状态为三相点。

水三相点是指水、冰、汽三相平衡共存时的状态，水的三相点温度值为273.16K，压力值为609.14kPa。

（15）热量传递的三种方式是什么？

答：热量传递的三种方式是导热、对流和辐射。

（16）什么是温度场？什么是温度梯度？

答：温度场是指在某一瞬间，在某一空间的一切点分布，场内任何点温度不随时间变化的称为稳定温度场，随时间变化的称为不稳定的温度场。

（17）什么是温度计的稳定性？什么是温度计的灵敏度？

答：温度计的稳定性是指温度计具有保持其计量特性恒定的能力。

温度计的灵敏度是指温度计的响应变化除以相应的激励变化。

（18）ITS-90 国际温标在 0℃ ~ 锌凝固点（419.527℃）分温区内规定的内插公式是什么？

答：在 0~419.527℃内的内插仪器为铂电阻温度计，它是由无应力的纯铂丝制成的。

在 0~419.527℃分温区内，铂电阻温度计的内插公式为：

参考函数为

$$W_r(t) = C_0 + \sum_{i-1}^{9} C_i \left[(t/℃ - 481)/481 \right]^i$$

偏差函数为

$$\Delta W(t) = W(t) - W_r(t) = a\left[W(t)-1 \right] + b\left[W(t)-1 \right]^2 + c\left[W(t)-1 \right]^3$$

式中：a、b、c 为温度计的特性系数。

（19）简述工业热电阻测温主要误差来源有哪些？对于工业铂电阻是否选用的铂丝纯度越高，其测温准确度越高？

答：工业热电阻测温主要误差来源有：

1）分度引入的误差；

2）电阻感温元件的自热效应引入的误差；

3）外线路电阻引入的误差；

4）热交换引入的误差；

5）动态误差；

6）配套仪表引入的误差。

对于工业铂电阻的铂丝纯度只要符合相应标准要求即可。因为工业铂电阻的分度是按照上述标准要求的铂丝纯度编制的，其使用也是要求配分度表使用的。因此，若铂丝的纯度过高，就会偏离编制分度表时的基础条件，从而产生较大的误差。

（20）为什么在检定热电偶时要对炉温变化进行规定？

答：因为标准热电偶和被检热电偶不是在同一时间内进行测量的，虽然炉温稳定，但随着时间的延长，炉温有微量变化就会给测量值带来误差。为了保证测量的准确度，在检定热电偶时，必须对炉温变化进行严格规定。

3.单项选择题

（1）检定三线制热电阻，用直流电位差计测定电阻值时须采用两次换线测量方法，其目的是（B）。

　　A.减小环境温度变化所引起的误差

　　B.消除内引线电阻的影响

　　C.减少外界干扰带来的误差

　　D.减少电位差计本身的误差

（2）若被测介质的实际温度为500℃，仪表的示值为495℃，则仪表的相对误差为（B）。

　　A.±1%　　　　　　B.1%　　　　　　C.±1

（3）分度号为Cu50热电阻在0℃的电阻值为（C）。

　　A.0　　　　　　B.53　　　　　　C.50　　　　　　D.100

（4）测温元件一般应插入管道（B）。

　　A.（5~10）mm　　　　　　　B.越过管道中心（5~10）mm

　　C.100mm　　　　　　　　　D.任意长

（5）下列关于电阻温度计的叙述中，（D）是不恰当的。

　　A.电阻温度计的工作原理，是利用金属线（例如铂线）的电阻随温度作几乎线性的变化

　　B.电阻温度计在温度检测时，有时间延迟的缺点

　　C.与电阻温度计相比，热电偶温度计能测更高的温度

　　D.因为电阻体的电阻丝是用较粗的线做成的，所以有较强的耐振性能

（6）以下几种热电阻中，非标准化热电阻是（A）。

　　A.锗热电阻　　　B.铂热电阻　　　C.铜热电阻

（7）现有以下几种测温装置，在测水轮机轴瓦温度时，最好选用（C）。

　　A.镍铬-镍体热电偶　　　　B.充气压力温度计　　　　C.铂热电阻

（8）下列温度系数为负温度系数的是（D）。

　　A.Pt100　　　　　　B.Pt10　　　　　　C.Cu50　　　　　　D.热敏电阻

（9）工业 Pt100 铂电阻在 100℃时的电阻值为（C）。

A.0Ω B.119Ω C.138.5Ω D.100Ω

（10）有一测温的热电阻，其分度号已经模糊不清，试采用下面合适的手段，进行判别（B）。

A. 加电压进行热量测试 B.用万用表电阻挡测试

C.用万用表电压挡测试 D.用万用表电流挡测试

（11）温度仪表最高使用指示值一般为满量程的（A）。

A.90% B.100% C.50% D.80%

（12）精度最高的就地温度计为（B）。

A.压力式温度计 B.玻璃液体温度计 C.双金属温度计

（13）温标是温度的数值表示方式，下列不属于经验温标三要素是（D）。

A.温度计 B.固定点 C.内插函数 D.精度比

（14）测量范围是（-100~-20）℃，其量程为（C）。

A.-100℃ B.-20℃ C.80℃

（15）Pt100 铂电阻在 0℃时的阻值为（D）。

A.0Ω B.0.1Ω C.10Ω D.100Ω

（16）在热电阻温度计中，电阻和温度的关系是（A）。

A.近似线性 B.非线性 C.水平直线

（17）下列电阻温度计中，（C）的电阻温度系数最大。

A.铂电阻温度计 B.铜电阻温度计

C.热敏电阻温度计 D.铁电阻温度计

（18）下述有关与电阻温度计配用的金属丝的说法，哪一条是不合适的？（D）

A.经常采用的是铂丝 B.也有用铜丝的

C.也有用镍丝的 D.有时采用锰铜丝

（19）铜热电阻的测温范围与铂热电阻相比（B）。

A.宽 B.窄 C.一样 D.视具体情况而定

（20）铂电阻分度号为 Pt100，测量范围为（D）。

A.0~1300℃ B.0~1600℃

C.0~800℃   D.（-200~850）℃

（21）若将一根导线拉长，其电阻将（C）。

A. 不变   B. 变小   C. 变大   D. 不确定

（22）在下列定律或效应中（C）是热电偶测温的理论基础。

A. 克希霍夫定律   B. 帕斯卡定律   C. 热电效应   D. 电磁效应

（23）指出下列的几种热电偶中，哪一种测量温度为最高？（A）

A. 铂铑 10-铂热电偶

B. 镍铬-镍硅热电偶（K 型）

C. 镍铬-铜镍热电偶（E 型）

D. 铜-铜镍热电偶（T 型）

（24）热电偶能用来测量温度，是基于热能和电能互相转换的原理，即（C）。

A. 电磁效应偶   B. 光电效应   C. 热电效应   D. 帕斯卡定律

（25）显示仪表和连接导线接入热电偶回路的两端温度相同，不会影响热电偶产生的热电势大小，其根据热电偶（A）定律。

A. 中间导体   B. 均匀导体   C. 中间温度   D. 均匀温度

（26）检定前温度计的表头应该（B）安装。

A. 水平安装   B. 垂直安装

C. 任意角度   D. 按照实际使用情况

（27）热电偶温度指示偏低，可能由于补偿导线绝缘损坏而造成（D）级别。

A. 短路   B. 断路   C. 部分断路   D. 部分短路

（28）温控仪示值误差的检定顺序为（A）。

A. 先检定零点，再分别向上限值或下限值逐点进行检定

B. 先由下限接点速点进行检定，再由零点至上限逐点进行检定

C. 先由上限零点逐点进行检定，再由零点至下限逐点进行检定

D. 按任意顺序检定

（29）压力式温度计是利用（C）性质制成并工作的。

A. 感温液体受热膨胀

B. 固体受热膨胀

C. 气体、液体或蒸汽的体积或压力随温变化

D. 其余都不对

（30）温度指示控制仪的调零和调量程允许（C）。

A. 不预热就可以调整

B. 在预热后进行调整

C. 在预热后进行调整，调整好后检定过程中不允许再次调整

D. 随时调整

（31）下列不属于贵金属热电偶的是（C）。

A.S 型热电偶　　　　B.R 型照电偶　　　　C.E 型热电偶　　　　D.B 型热电偶

（32）测量范围在 1000℃左右时，适合用（A）温度计。

A. 铂铑 10-铂热电偶

B. 镍铬-镍硅热电偶

C. 铂电阻

（33）压力式温度计中感温物质的体积膨胀系数越大，则仪表（A）。

A. 越灵敏　　　　B. 越不灵敏　　　　C. 没有影响　　　　D. 无法确定

（34）压力式温度计中毛细管越长，则仪表的反应时间越（B）。

A. 快　　　　　　B. 慢　　　　　　C. 没有影响　　　　D. 无法判断

（35）在相同的温度变化范围内，分度号 Pt100 的铂热电阻比 Pt10 铂热电阻变化范围大，因而灵敏度较（A）。

　A. 高　　　　　　B. 低　　　　　　C. 一样

（36）电阻温度计的电阻值和温度关系为（C）

A. 温度越高，电阻越小

B. 温度越低，电阻越大

C. 温度越高，电阻越大

D. 温度越高，电阻不变

（37）贵金属热电偶在进行检定前通常要进行退火，当进行退火后，金属丝会变得（C）。

　A. 更硬　　　　　B. 和原来一样　　　　C. 更软

（38）依据 JJG 617—1996《数字温度指示调节仪检定规程》，温控仪首次检定时，设定点应固定在整个测量范围的（B）附近的十分度线 L 或整十或整百温度点进行。

A.10%、50%、90%　　　　　　　　　　B.30%、50%、80%

C.25%、50%、75%　　　　　　　　　　D.20%、50%、80%

（39）依据 JJG 617—1996《数字温度指示调节仪检定规程》，对于指针式温控仪将视线垂直于表盘分度线估读到最小分度值的（C）。

A.1/2　　　　　　B.1/5　　　　　　C.1/10　　　　　　D.1/7

（40）依据 JJG 617—1996《数字温度指示调节仪检定规程》，指针式温控仪的切换差在上限温度大于 100℃时，应不大于示值允许误差绝对值的（A）。

A.1/4　　　　　　B.1/2　　　　　　C.1/3　　　　　　D.1/7

（41）依据 JJG 617—1996《数字温度指示调节仪检定规程》，数字式温度指示控制仪在（−50~50）℃测量范围内，其示值允许误差为（C）。

A.±10.5℃　　　　B.±1℃　　　　C.±2℃　　　　D.±3℃

（42）依据 JJG 617—1996《数字温度指示调节仪检定规程》，指针式温控仪指示仪表指针应深入最短分度线的（B）以内。

A.1/3~2/3　　　　B.1/4~3/4　　　　C.1/4~1/2　　　　D.1/5~1/2

（43）依据 JJG 617—1996《数字温度指示调节仪检定规程》，温控仪接通电源后，按照生产厂家规定的时间预热，没有明确规定的，一般预热（B），然后进行检定。

A.10min　　　　　B.15min　　　　　C.30min　　　　　D.40min

（44）依据 JJG 617—1996《数字温度指示调节仪检定规程》，温控仪后续检定或使用中检验时，检定点对于数字式温控仪应均匀分布在整十或整百温度点上（包括上下限），不得少于（C）个检定点。

A.6　　　　　　　B.3　　　　　　　C.5　　　　　　　D.7

（45）依据 JJF 1909—2021《压力式温度计校准规范》压力式温度计的准确度等级是指测量范围后（B）部分。

A.1/2　　　　　　B.1/3　　　　　　C.1/4　　　　　　D.1/5

（46）在（0~419.527）℃范围内，国际温标计算铂电阻温度计的电阻值与温度间函数关系时，采用的计算公式是（D）。

A.$W(t)=1+At+bt^2$

B.$R_t=R_0\left[1+At+Bt^2+C(t-100)t^3\right]$

C.$R_t=R_0(1+dt)$

D.$W(t)=W_r(t)+a_8\left[W(t)-1\right]+b_8\left[W(t)-1\right]^2$

4. 多项选择题

（1）依据 JJG 617—1996《数字温度指示调节仪》，下列属于指针式温控仪表外观要求的有（ABCD）

A. 仪表指针的针尖宽度不得大于主分度线的宽度，并垂直于分度线

B. 仪表指针的起点调整器应能正常调整到指针起始点，指示仪表指针移动应能平稳，无卡针、抖动和迟滞等现象

C. 外露部件（端钮、面板、开关等）不应松动、破损

D. 数码显示应无叠字、亮度应均匀

（2）依据 JJG 617—1996《数字温度指示调节仪》，下列温控仪端子间，需满足绝缘电阻大于等于 20MΩ 要求的有（ABCD）。

A. 电源端子与外壳

B. 输入端子与电源端子

C. 输入端子与外壳

D. 输出端子外壳

（3）依据 JJG 617—《数字温度指示调节仪》，下列属于温控仪检定设备的是（ABCD）。

A.（-60~300）℃二等标准水银温度计一套

B. 冰点器

C. 读数装置

D.500V、10 级绝缘电阻表

（4）依据 JJG 617—1996《数字温度指示调节仪》，下列属于温控仪首次检定的检定项目是（ABCD）。

A. 外观　　　　B. 示值误差　　　　C. 设定点误差　　　D. 稳定度

（5）依据 JJG 617—1996《数字温度指示调节仪》，下列属于后续检定和使用中检验的检定项目的是（B）。

A. 外观　　　　B. 示值误差　　　　C. 稳定度　　　　D. 绝缘强度

（6）根据 JJF 1909—2021《压力式温度计校准规范》校准过程中要求指针应（ACD）。

A. 外观　　　　B. 示值误差　　　　C. 稳定度　　　　D. 绝缘强度

（7）依据 JJF 1909—2021《压力式温度计校准规范》，压力式温度计在校准过程中要求指针应（ACD）。

A. 平稳移动　　　　　　　　　B. 不得松动

C. 不得有明显的跳动　　　　　D. 不得有停滞现象

（8）依据 JJF 1909—2021《压力式温度计校准规范》，带有电接点的压力式温度计在后续检定中要检定的项目有（ABC）。

A. 外观，示值误差　　　　　　B. 回差，绝缘电阻

C. 设定点误差，切换差　　　　D. 重复性

（9）依据 JJG 229—2010《工业铂、铜热电阻检定规程》，下面哪些是工业铂热电阻的准确的等级？（ABCD）

A.AA 级　　　　B.A 级　　　　C.B 级　　　　D.C 级

（10）依据 JJG 229—2010《工业铂、铜热电阻检定规程》，工业铂热电阻检定时检定温度点必须要做（AC）。

A.0℃　　　　B.50℃　　　　C.100℃　　　　D.150℃

（11）依据 JJG 229—2010《工业铂、铜热电阻检定规程》，根据测量电路需要，热电阻可以有哪些接线方式？（ABC）

A. 二线制　　　　B. 三线制　　　　C. 四线制　　　　D. 六线制

（12）依据 JJG 229—2010《工业铂、铜热电阻检定规程》，工业铂热电阻的绝缘电阻的测量可以有（AC）。

A. 常温绝缘电阻　B. 低温绝缘电阻　C. 高温绝缘电阻　D. 0℃绝缘电阻

（13）依据 JJG 141—2013《工作用贵金属热电偶》，贵金属热电偶检定的方法有哪些？（BD）

A. 微差法　　　　　　　　　　B. 同名端比较法

C. 较差法　　　　　　　　　　D. 双极比较法

（14）依据 JJG 141—2013《工作用贵金属热电偶》，使用中的贵金属热电偶在进行检定前，应先进行外观检查，允许（AD）。

A. 电极稍有弯曲　　　　　　　B. 线径有明显的粗细不均

C. 有腐蚀斑点　　　　　　　　D. 表面有暗色斑点

（15）依据 JJG 141—2013《工作用贵金属热电偶》，热电偶在其保护套上或者其所附的标签上至少应有（ABCD）。

A. 器具编号　　B. 分度号　　C. 等级　　　　D. 制造厂商

（16）依据 JJG 141—2013《工作用贵金属热电偶》，下面检定项目哪些是后续检定项目？（AD）

A. 外观检查　　　　　　　　　B. 电极直径

C. 重复性　　　　　　　　　　D. 示值误差

（17）依据 JJG 141—2013《工作用贵金属热电偶》，检定工作用贵金属时，标准与被检热电偶的参考端应插在0℃恒温器中的玻璃管内，一般在玻璃管中可以放置一定量的液体，以保持温度的恒定，这种液体可以是（AC）。

A. 酒精　　B. 水　　　C. 变压器油　　D. 水银

（18）依据 JJG 141—2013《工作用贵金属热电偶》，B型作用贵金属热电偶的等级分为（BC）。

A. Ⅰ级　　B. Ⅱ级　　C. Ⅲ级　　D. Ⅳ级

（19）下面有关温度定义的论述中，哪些是错误的？（B）。

A. 温度是从热平衡的观点，描述热平衡系统冷热程度的一种物理量

B. 温度的高低是表示物体内能的增加或减少

C. 处于同一热平衡状态的物体具有相同的温度

D. 温度反映了物体分子无规则热运动的激烈程度

（20）判断下列几种说法，其中哪些是错误的？（BD）

A. 温度是表示物体系统热平衡状态的物理量

B. 热力学温度是由热力学第一定律定义的

C. 热力学温度是国际上通用的基本温度

D. 水三相点温度为 273.15K

（21）ITS-90 规定热力学温度 T 和摄氏温度 t 之间的关系式为（C）。

A.$t_{90}=T_{90}+273.16$　　B.$t_0=T_{90}-273.16$　　C.$t_0=T_0-273.16$　　D.$t_{90}=T_{90}-100$

（22）热力学温度的单位是开尔文，它定义为水三相点热力学温度的（B）。

A.1/273.15　　　　B.1/273.16　　　　C.1/273　　　　D.1/100

（23）水三相点热力学温度为（A）。

A.273.16K　　　　B.273.15K　　　　C.100K　　　　D.0.01K

（24）一台 300MW 机组，采用镍铬－镍硅（K 型）热电偶，补偿导线与计算机组成测量系统，若补偿导线错用 E 型镍铬 10- 铜镍热电偶补偿导线，正负极正确，则计算机显示与实际示值相比（B）。

A. 相同　　　　　B. 偏高　　　　　C. 偏低

（25）0.5 级的数字温度仪表，量程为（0~700）℃，分辨力为 1℃，其允许基本误差为（B）。

A.±4.5℃　　　　B.±3.5℃　　　　C.±4℃　　　　D.±5℃

5.计算题

（1）用二等标准铂铑 10- 铂热电偶校准一只工作用廉金属Ⅱ级 E 型镍铬 10- 铜镍热电偶，校准结果如下，请填写下表：

校准点 600℃	标准热电偶检定证书 600℃ 时的热电势值 5.235（mV）	读数 次数	标准热电偶 （mV）	被校热电偶 （mV）
		1	5.1472	44.1216
		2	5.1475	44.1226
		3	5.1481	44.1232
		4	5.1484	44.1238
		平均值		

续表

参考端温度 20℃时对应热电势（mV）	0.1130	1.1920
600℃时标准、被校热电偶的微分热电动势值（mV/℃）	10.21	80.66
修正后热电势值（mV）		
600℃时被校热电偶分度表上查得的热电动势值（mV）		45.0930
被校热电偶的热电势误差 Δe（mV）		
示值误差（℃）		
其修正值（℃）		

答：标准热电偶平均值 =（5.1472+5.1475+5.1481+5.1484）/4=5.1478（mV）

修正后标准热电偶热电势值（mV）=5.1478+0.1130=5.2608（mV）

被校热电偶平均值 =（44.1216+44.1226+44.1232+44.1238）/4=44.1228（mV）

修正后被校热电偶热电势值 =44.1228+1.1920=45.3148（mV）

根据公式

$$e_b(t)=\overline{e_d(t')}+\frac{e_s(t)-\overline{e_a(t')}}{S_c(t)}\times S_b(t)+e_p$$

=44.1228+（5.235−5.1478）/10.21×80.66+1.1920=46.0036（mV）

被校热电偶的热电势误差 Δe=46.0036−45.0930=0.9106（mV）

示值误差（℃）=0.9106/80.66=0.01（℃）

其修正值为 −0.01℃。

（2）一配 Pt100 的数字温度指示调节仪测量范围为（0~300）℃，分辨力为 0.1℃，准确度等级为 0.5 级，当输入电量为 176.30Ω 时，仪表显示为 200℃，问该表在 200℃是否超差？

答：查 200℃时 Pt100 的分度值为 175.86Ω 时的 dR/dt=0.3677Ω/℃

误差为（176.30−175.86）/0.3677=1.2℃

仪表允许误差为 ±（300−0）×0.5%=1.5℃

故没有超差。